中国数字发展研究（案例）

2023 年

伏羲智库◉编著

科学技术文献出版社
SCIENTIFIC AND TECHNICAL DOCUMENTATION PRESS
·北京·

图书在版编目（CIP）数据

中国数字发展研究（案例）2023年 / 伏羲智库编著. —北京：科学技术文献出版社，2023.7

ISBN 978-7-5235-0385-0

Ⅰ.①中… Ⅱ.①伏… Ⅲ.①数字化—研究—中国—2023 Ⅳ.①TP3

中国国家版本馆 CIP 数据核字（2023）第 116321 号

中国数字发展研究（案例）2023年

策划编辑：刘　伶　　责任编辑：张瑶瑶　　责任校对：张　微　　责任出版：张志平

出 版 者　科学技术文献出版社
地　　址　北京市复兴路15号　邮编　100038
编 务 部　(010) 58882938，58882087（传真）
发 行 部　(010) 58882868，58882870（传真）
邮 购 部　(010) 58882873
官 方 网 址　www.stdp.com.cn
发 行 者　科学技术文献出版社发行　全国各地新华书店经销
印 刷 者　北京虎彩文化传播有限公司
版　　次　2023 年 7 月第 1 版　2023 年 7 月第 1 次印刷
开　　本　787×1092　1/16
字　　数　336千
印　　张　17.75
书　　号　ISBN 978-7-5235-0385-0
定　　价　168.00元

伏羲智库简介

伏羲智库成立于 2019 年 10 月，是由中国互联网络信息中心（CNNIC）原主任、互联网名称和数字地址分配机构（ICANN）原副总裁、中国科学院计算技术研究所研究员、清华大学公共管理学院兼职教授李晓东博士倡议并牵头，联合产业界及学术界知名青年专家共同发起成立的非营利性互联网新型研究机构，聘请了全球互联网奠基人在内的国际一流专家组成了顾问委员会、国内外知名教育科研机构的资深专家担任研究员。

伏羲智库与清华大学互联网治理研究中心、中科院计算所互联网基础技术实验室构成研究共同体和创新联合体，协同开展互联网和数字发展领域的政策研究、技术研发、产业推动和文化推广。

伏羲智库通过打造数字经济新型智库、构建数据交换开放平台，为经济和社会发展数字化转型提出实践方案，为推动全球数字文明进程贡献中国智慧。

伏羲智库是中国互联网协会副理事长单位和数字化转型与发展工作委员会依托单位、中国互联网治理论坛发起成员和副主任委员单位、中国网络空间安全协会理事单位、中国网络社会组织联合会成员机构。

伏羲智库是世界互联网大会国际组织初始成员机构、G20 全球智慧城市联盟机构合作伙伴、金砖国家智库合作中方理事会理事单位、国际互联网协会（ISOC）会员单位、联合国全球契约组织（UNGC）成员单位。

前　言

　　数字经济是继农业经济与工业经济之后新的经济发展形态。随着数字经济在全球经济和国内经济中的占比不断提高，经济社会各领域步入全方位数字化转型的阶段，社会各界对数字化转型的经验和方法空前关注。"中国数字发展研究"是伏羲智库推动经济和社会数字化转型的重要举措，旨在通过典型案例的遴选和研究，勾勒数字发展的宏观蓝图，探索数字发展的具体路径。

　　本研究构建了中国数字发展研究案例库，总结数字化转型案例的经验与模式，重点归纳突出各类案例的特征。在总体逻辑关系上，综述篇从全球数字发展的现状出发，重点探讨中国数字发展的趋势。分析篇从案例库的整体特征和普遍特点入手，对场景、需求和思路进行了总结梳理。专题篇对数字经济（农业、工业和服务业）、数字政府、数字社会、数字生态文明和数字文化等 5 个部分进行了专题研究。建议篇对加快推进数字中国建设提出了政策建议。案例篇选择若干典型案例进行了深入剖析。

　　为更好地推进研究工作，伏羲智库不仅构建了中国数字发展研究案例库，还联合清华大学互联网治理研究中心、中国科学院计算技术研究所的跨领域研究者们组建了联合研究团队。研究团队成员包括：李晓东、孟庆国、谢丹夏、付伟、刘艺、杨晓波、成龙、邵靖芳、程凯、陈尚容、陈蓓、李娜、司小圆、王珩、王瑜、郑婷婷、杜威。

　　中国数字发展研究案例库的构建得到了中国互联网协会数字化转型与发展工作委员会的支持，案例库中的案例主要选自中国互联网协会"互联网助力经济社会数字化转型"案例征集活动，入选案例由 28 名业界资深专家进行评估遴选。专家包括：尚冰、邬贺铨、李国杰、方滨兴、吴建平、黄如、郑纬民、张宏科、邵广禄、王国权、余晓辉、曾宇、鲁春丛、赵岩、黄澄清、徐愈、吴世忠、杨春艳、卢卫、李欲晓、周德进、陈熙霖、谢高岗、田溯宁、周鸿祎、齐向东、吴海、李晓东等。

我们希望此研究能够为数字化转型的实践者和研究者提供有价值的信息和洞见，并对推动数字化转型取得更好的成果起到积极的促进作用。在此，感谢业界资深专家的悉心指导和联合研究团队的辛勤工作，感谢中国互联网协会的支持，也感谢所有参与案例研究和提供建议的人员和机构。

伏羲智库

2023 年 7 月

目 录

综述篇

分析篇

专题篇

案例篇

综述篇

第 1 章　全球数字发展现状

当前，世界正处于百年未有之大变局，世界范围内发展不确定性因素增多，俄乌冲突、能源危机、通货膨胀、金融市场动荡、各国央行加息等阴影笼罩世界，而数字化是不确定性中的确定性因素，是各国发展的一致共识。数字技术革命方兴未艾，推动经济社会各领域数字发展加快，中国信通院数据显示，2021 年测算的 47 个国家数字经济增加值规模同比名义增长 15.6%，占国内生产总值（GDP）的比重为 45.0%。与此同时，数据孤岛和网络安全问题仍然是阻碍全球数字发展的突出因素；各国对国际数字话语权争夺激烈，数字时代的世界经济政治格局仍然存在变数。

1.1　数字化转型成为全球经济社会发展共识

数字时代是人类社会必然到来的新发展阶段，所有的行业领域都会涉及数字化转型，都会构成数字发展的一部分，推动数字化转型、加快数字发展成为全球经济社会发展共识，主要国家纷纷谋划相应战略布局，并推动其落地实施，在顶层设计层面为本国的数字发展扫清障碍。

美国在互联网和数字化方面的领先优势可追溯至第三次工业革命时期，以计算机和互联网为代表的第三次工业革命塑造了当今全球头号强国美国。当前，美国数字发展相关战略布局与新经济、信息经济时期的相关政策一脉相承，具有较好的连贯性。2020 年 4 月，美国国际开发署发布的《数字战略（2020—2024）》能够较好地反映出美国对外整体战略意图，该战略试图在全球范围内构建以美国为主导的数字发展生态。在具体发展领域，先后有政策出台与之相互配合，形成了覆盖全面的战略体系。2022 年 10 月，美国白宫发布的《2022

年国家安全战略》明确，技术对于当下地缘政治竞争、未来国家安全、经济与民主至关重要，其中，指明的重要技术包括：半导体技术、微电子技术、先进计算技术、量子技术、人工智能技术、下一代通信技术、清洁能源技术与生物技术等。此外，美国拟探索在数字资产领域的发展优势以维护其美元霸权，占领数字资产发展的全球主导地位。

在欧洲，2021 年 3 月欧盟委员会发布《2030 数字罗盘：欧洲数字十年之路》，为欧洲数字发展指明方向，其发展目标包括 4 个基本方面：一是拥有大量能熟练使用数字技术的公民和高度专业的数字人才队伍；二是构建安全、高性能和可持续的数字基础设施；三是致力于企业数字化转型；四是大力推进公共服务的数字化。半导体是该文件重点指明的技术发展方向。2022 年 6 月，英国政府颁布《英国数字战略》，该战略与《2030 数字罗盘：欧洲数字十年之路》具有较好的一致性，是欧洲数字发展整体规划结合英国具体国情的路径细化，具体而言，该战略聚焦夯实数字发展基础、激发创意与保护知识产权、培养数字技能与吸引数字人才、畅通数字发展融资渠道、共荣共享与提升发展水平、提升英国在全球的影响力 6 个领域。2022 年 8 月，德国政府修订《数字战略 2025》，新战略以"全面数字化觉醒"为口号，以"网络化、数字化主权社会""创新型的经济、工作环境、科学和研究""学习型、数字化国家"为三大重点行动领域，并具体列明了相关部门负责的政策议程清单，其发展目标是到 2030 年实现光纤连接覆盖全国，实现行政服务数字化，建立一个具有包容性的现代化国家，使商业和研究创新造福民众。

亚洲国家数字化转型发展态势迅猛，以中日韩为代表的主要国家已经形成了一定的数字发展战略体系。日本的政策法律、体制机制相互配合、互成体系，能够较为有效地支撑其对数字发展重点领域的投入，尤其重视民间企业作为科技研发主体的市场地位。在组织机构方面，2021 年 9 月成立日本数字厅，领导日本数字改革相关工作，并协调各政府部门配合落实；在顶层战略设计方面，日本以《综合数据战略 2021》《科学技术创新基本计划 2021—2025》《综合创新战略 2022》为三大支柱；在技术创新方面，日本重点关注人工智能、物联网、区块链、量子计算等技术领域的发展。2022 年 9 月，韩国科学技术信息通信部发布了《大韩民国数字战略》。此次战略展望"与国民携手建设世界典范的数字韩国"，并为此推进 5 个战略方向 19 个具体任务。5 个战略方向包括：打造世界高水平的数字能力、大力发展数字经济、数字包容社会、共建数字平台政府、创建数字文化。2022 年 10 月，韩国科学技术信息通信部发布《国家战略技术培育方案》，将半导体与显示器、网络安全、人工智能、下一代通信、先进机器人与制造、量子科技等共 12 类技术指定为国家战略技术，增加在这些技术领域的研发投入（表 1.1）。

表 1.1　世界主要国家（地区）数字发展战略一览

国家（地区）	重要政策文件	颁布时间	数字发展战略描述
美国	《数字战略（2020—2024）》	2020 年 4 月	与新经济、信息经济时期的国家战略一脉相承。构建以美国为主导的数字生态系统
	《2022 年国家安全战略》	2022 年 10 月	重点发展半导体技术、微电子技术、先进计算技术、量子技术、人工智能技术、下一代通信技术等。争夺数字资产发展的全球主导地位，强化美元地位
欧盟	《2030 数字罗盘：欧洲数字十年之路》	2021 年 3 月	聚焦数字基础设施建设、数字人才培育、企业数字化转型、公共服务数字化四大领域，重视半导体产业发展
英国	《英国数字战略》	2022 年 6 月	聚焦夯实数字发展基础、激发创意与保护知识产权、培养数字技能与吸引数字人才、畅通数字发展融资渠道、共荣共享与提升发展水平、提升英国在全球的影响力六大领域
德国	《数字战略 2025》	2022 年 8 月	发展目标是到 2030 年实现光纤连接覆盖全国，实现行政服务数字化，建立一个具有包容性的现代化国家，使商业和研究创新造福民众
中国	《数字中国建设整体布局规划》	2023 年 2 月	到 2025 年，基本形成横向打通、纵向贯通、协调有力的一体化推进格局，到 2035 年，数字化发展水平进入世界前列。数字中国建设按照"2522"的整体框架进行布局

国家（地区）	重要政策文件	颁布时间	数字发展战略描述
日本	《综合数据战略 2021》	2021 年 6 月	研发和创新战略、政策体制、法律法规等互成体系，正在加大对数字发展重点领域的投入，尤其重视民间企业作为科技研发主体的市场地位
	《科学技术创新基本计划 2021—2025》	2021 年 3 月	
	《综合创新战略 2022》	2022 年 6 月	
韩国	《大韩民国数字战略》	2022 年 9 月	打造世界高水平的数字能力、大力发展数字经济、数字包容社会、共建数字平台政府、创建数字文化

在全球数字发展的洪流中，各国争先恐后出台的数字发展战略既结合了本国的发展基础、具体国情，又体现出很大的共性。具体而言，世界各国出台的数字发展战略多数重视以下两个方面的布局：一是数据要素的战略地位更加凸显。英日中等国都在政策文件中对如何发挥数据要素的作用做出相应安排。在国际层面，联合国贸易和发展会议发布的《数字经济报告 2021》以"跨境数据流动与发展：数据为谁流动"为副标题，并指出世界范围内数据流动的深度与广度迅速扩大，境内数据和跨境数据流动对数字发展的影响愈加关键，数据的市场价值显著提升，而美国处于数据市场的发展领先地位（图 1.1）。二是数字基础设施建设提速。《世界投资报告 2022》指出，全球对数字基础设施和服务的需求快速增长，助推 ICT 行业（信息与通信技术行业）的绿地投资大幅增加，其中，投资金额增长 23%，达到 1040 亿美元，项目数量增长 26%，具体为3743 个，创历史新高。值得注意的是，抗灾环保是数字基础设施建设投资的新风向，该领域数字基础设施投资项目增加。

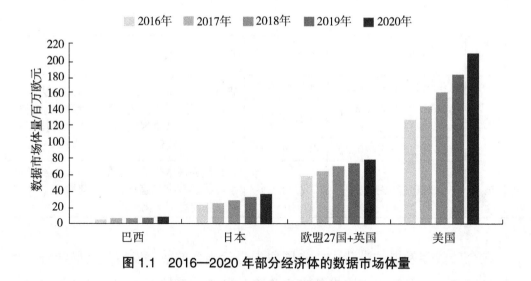

图 1.1　2016—2020 年部分经济体的数据市场体量

（数据来源：联合国贸易和发展会议）

1.2　数字技术革命持续深入推进

全球数字技术革命方兴未艾，为了推动本国的数字发展，为了在激烈的国际竞争中不落后于人，各国纷纷加大对半导体、人工智能等关键技术领域的研发投入，使人类科技前沿持续推进、最新科技成果不断涌现。

世界知识产权组织发布的《世界知识产权指标 2022》显示，2021 年，全球专利、商标和外观设计的知识产权申请量创下新高（世界专利申请总体情况如图 1.2 所示），其中，专利申请量高达 34 万件，同比增长 3.6%，表明全球创新活力并未受疫情影响而消退。亚洲各主管局受理的专利申请量占全世界总申请量的 67.6%，成为全球专利申请的主要贡献力量，其中，中国专利申请量同比增长 5.5%。各国政府与企业高度重视数字技术创新对推动数字发展的关键作用。即使在 2020 年这一疫情高峰年份，计算机技术领域的专利申请量占比也超过 13%，巩固了该技术领域作为全球公开专利申请第一大技术领域的重要地位。如表 1.2 所示，美国是 2021 年计算机技术领域专利申请量占比最高的国家，显示出美国在数字技术创新中的强大实力，中国仅次于美国，成为在计算机技术领域专利申请量占比第二高的国家。计算机技术、电力机械、测量测绘、数字通信和医疗技术是全球专利申请量最高的五大技术领域，占全部专利申请量的 1/3。

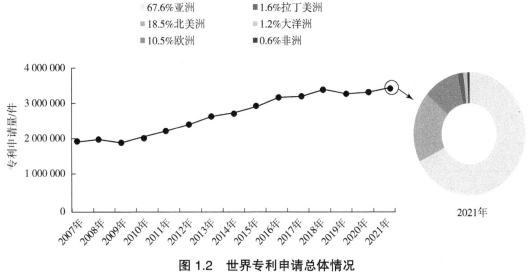

图 1.2　世界专利申请总体情况

（数据来源：《世界知识产权指标 2022》）

表 1.2　2021 年部分国家专利申请技术领域分布情况

技术领域	国家									
	中国	美国	日本	韩国	德国	法国	英国	瑞士	荷兰	俄罗斯
电力机械	6.4	4.2	9.9	8.4	9.1	6.4	5.3	6.3	6.6	3.8
视听技术	2.4	2.7	4.3	4.8	1.5	1.9	1.9	0.9	1.8	0.6
通信	1.6	2.2	2.2	2.4	1.0	1.6	1.5	0.6	1.3	1.4
数字通信	4.8	7.6	2.9	5.8	2.0	3.5	2.7	1.4	2.4	0.9
基本通信过程	0.3	0.8	0.7	0.6	0.6	0.6	0.7	0.3	0.8	0.9
计算机技术	10.0	12.2	5.9	8.4	3.6	4.9	8.3	2.5	5.9	3.2
IT 管理方法	2.5	2.8	1.7	3.4	0.6	0.9	1.4	0.8	0.5	0.7
半导体	1.7	2.7	5.3	6.4	2.0	2.3	1.4	0.8	3.0	0.8
光学	1.4	1.9	5.7	3.0	1.8	2.1	1.8	0.9	5.8	0.8
测量测绘	6.7	3.9	4.8	3.7	6.4	4.8	4.7	8.1	5.6	8.3

技术领域	国家									
	中国	美国	日本	韩国	德国	法国	英国	瑞士	荷兰	俄罗斯
生物材料分析	0.5	0.9	0.4	0.5	0.6	0.8	1.1	1.1	0.7	2.1
控制系统	2.7	2.3	2.6	1.9	2.4	1.5	1.6	1.7	1.2	1.8
医疗技术	3.2	9.0	3.6	4.1	4.4	5.0	7.3	9.3	12.8	8.9
有机精细化学	1.7	2.7	1.4	2.0	2.8	4.5	4.0	5.3	4.0	1.7
生物技术	1.6	4.2	1.1	1.7	2.0	3.1	5.0	5.9	3.7	2.1
药物	2.1	6.1	1.3	2.1	2.4	4.3	7.5	9.7	3.7	4.3
高分子化学、聚合物	1.6	1.3	2.4	1.5	1.9	2.0	0.8	1.7	2.7	0.9
食品化学	2.4	1.0	0.8	2.1	0.4	1.0	0.8	3.3	3.4	5.9
基础材料化学	2.9	2.3	2.2	1.8	2.8	2.3	2.3	3.0	3.8	2.8
材料、冶金	3.0	1.2	2.4	1.9	1.9	2.4	1.4	1.4	0.9	4.2
表面涂层技术	1.4	1.2	2.5	1.5	1.6	1.7	1.0	1.5	1.6	1.4
微观结构和纳米技术	0.2	0.2	0.1	0.1	0.2	0.2	0.2	0.1	0.1	0.8
化学工程	4.2	2.2	1.5	2.3	2.6	2.8	3.0	2.4	2.4	4.0
环境技术	2.9	1.1	1.1	1.6	1.5	1.3	1.7	0.8	1.4	2.7
操纵	3.6	2.2	3.2	2.3	3.3	2.5	2.5	6.0	3.1	1.2
机床	4.9	1.6	2.4	1.9	3.6	1.3	1.3	1.9	1.2	2.4
发动机、水泵、涡轮机	1.3	1.9	2.6	1.7	5.0	4.5	3.6	1.4	0.9	4.4
纺织和造纸机	1.5	0.9	2.5	0.8	1.5	0.7	1.0	2.0	1.4	0.5
其他专用器械	4.7	3.3	2.9	3.1	4.1	4.3	2.9	2.7	5.1	5.9
加热过程与器械	2.1	0.9	1.8	1.9	1.5	1.6	0.9	0.9	0.9	1.8
机械元件	2.0	1.9	3.1	2.3	6.8	4.3	3.1	1.9	1.4	4.1
交通运输	3.2	3.9	6.2	4.8	11.4	11.5	5.2	2.0	2.4	5.5

续表

技术领域	国家									
	中国	美国	日本	韩国	德国	法国	英国	瑞士	荷兰	俄罗斯
家具	2.2	2.2	4.5	2.6	1.8	1.5	2.6	2.4	2.2	1.3
其他消费品	1.7	1.8	1.5	3.0	1.8	2.6	5.1	6.4	2.2	1.1
土木工程	4.6	2.9	2.3	3.9	3.2	3.0	4.5	2.2	3.0	6.9

数据来源：《世界知识产权指标 2022》。

数据要素是数字经济时代的最活跃增长要素，数字技术应保障数据安全高效流通，释放数据要素的内在价值。根据数据全生命周期不同环节的先后顺序，区分不同数字技术面向终端用户的程度，我们将数字技术分为数据基础技术、数据计算技术和数据应用技术（图 1.3），并据此展开论述。

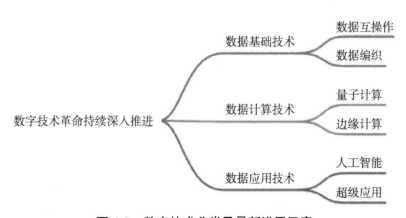

图 1.3　数字技术分类及最新进展示意

在数据基础技术方面，数据互操作与数据编织是需要重点关注的两大技术方向。数据互操作技术贯穿数据采集、传输、存储到计算、应用、消亡的全生命周期，能够解决标识确权、认证授权和安全交换三大关键问题，支撑数据标识体系、数据确权体系、身份认证体系、访问授权体系、分级分类体系、算法管理体系构建，帮助发现和定位数据资源，在保障数据权属和促进数据可信的前提下实现数据资源的安全交换。Gartner 将数据编织定义为一种跨平台的数据整合方式，它能够基于网络架构而不是点对点的连接来处理数据，形成从数据源、数据分析、分析结果生成到数据协调应用的一体化数据架构，它不仅可以集合海量的碎片化数据，还具有高弹性、灵活性的特点。自 2019 年起，Gartner 连续 3 年将数据编织（data fabric）列为年度数据和分析技术领域的十大趋势之一。全球行业分析师公司预测，到 2026 年全球数据编织市场规模将达到 37 亿美元，较 2020 年的 11 亿美元增长超过 2 倍。

在数据计算技术方面，量子计算取得重大突破，边缘计算部署加快。量子计算强大的计算能力在破解传统密码上有明显优势，量子信息科技中量子加密、安全通信等技术备受重视。数十年的研发投入使人类在量子信息领域积累了一定成果，《世界互联网发展报告 2022》指出，量子信息科技已经发展至催生生产力革命性变化的临界点，量子精密测算有望投入应用，量子通信应用正在向工程化方向发展。边缘计算作为云计算的有益补充，主要解决了分布式计算存在的高延迟、网络不稳定和低带宽问题。5G 基建、特高压、新能源汽车充电桩、工业互联网等数字基础设施都对边缘计算有着极大的需求。在未来，"云网边端"将逐步发展为主流计算架构。美通社（PR Newswire）预测结果显示，2023 年初全球边缘计算市场规模达 306 亿美元，预计到 2028 年，该市场规模将达到 1901 亿美元，年复合增长率高达 36.8%。

在数据应用技术方面，生成式人工智能是 2023 年该技术领域的最大亮点，超级应用这一融合发展趋势值得关注。2022 年，人工智能领域取得了突破性进展。人工智能在过去被认为无法从事创造性工作，而当前人工智能已经能够依靠人类给出的简单短语制作出具有观赏性的图像，"创造性人工智能"同时入选 2022 Science 年度十大科学突破和《麻省理工科技评论》2023 年全球十大突破性技术；超大规模预训练模型研发进入激烈竞争阶段，2020 年 Open AI 公司发布的 GPT-3 模型的参数规模提升至 1750 亿个，在数量级上与一般人工智能模型拉开差距，而到了 2022 年全球众多公司为自己万亿级参数规模的模型召开发布会；人工智能与生物技术的交叉融合领域中新兴成果不断涌现，例如，人工智能帮助提升蛋白质结构预测效率等。超级应用是互联网商业生态自发演进的可能结果。大型互联网应用的平台化发展趋势明显，但当前大型互联网平台的用户仍主要集中于 C 端，由于基础性技术的研发门槛进一步提高，在未来，大型互联网平台将为更多的企业用户提供通用技术服务，帮助中小企业更专注于自身擅长的细分领域，而中小企业提供的产品或服务将以微应用或小程序的形式嵌入超级应用，用户可根据个人偏好选择微应用来打造个人应用空间，以获得个性化的用户体验。超级应用能够在一定程度上改善用户数据的割裂现状，超级应用最终也将发展为元宇宙、物联网等新兴技术的应用载体。

1.3　经济社会各领域数字发展加速

　　数字经济发展从第三产业向第二产业、第一产业渗透，推动农业、工业、服务业的发展方式转变，并驱动经济社会各领域的数字化转型。

　　数字技术推动"智慧农业"发展成效显著。物联网、云计算等数字技术应用于农业领域，推动"智慧农业"推广普及。"智慧农业"强调通过传感设备获取实时数据，从而更好地降本增效、增强耕作能力，此外，"智慧农业"可通过食品溯源加强质量监测，通过物流和供需信息减少粮食浪费等。在发展中国家，数字农业能够解决农村农业发展中的关键问题，具体包括提高农业生产力、消除农村信息流通障碍、帮助农民直接建立与买家的联系并争取更优的价格、根据市场信息及时调整生产决策等。在发达国家，"智慧农业"、数字农业的实践范围更为广泛。在加拿大西部 5000 万英亩的土地上，从农场气象站、传感设备收集而来的数据将被汇总在一个大型预测模型中，帮助农民知悉天气和土壤状况，精细化指导农民播种，如在每单位面积土壤上播种的种子数量、施肥量等。

　　工业互联网发展提速，推动制造业生产低碳化。近年来，在"数实融合"的发展趋势下，中国第二产业数字化转型加速，而欧美国家工业数字化转型起步更早，有诸多成功实践。2021 年 4 月，联合国工业发展组织发布的《全球制造业竞争力指数》显示，德国制造业竞争力稳居全球之首。2021 年，弗劳恩霍夫（Fraunhofer）协会的一项调查显示，62% 的受访企业已经与"工业 4.0"接轨；

德国"工业 4.0"的主要进展集中在基础应用领域，而技术复杂的顶级应用仍存在一定的发展障碍；大型企业和小微企业之间的数字鸿沟明显缩小。2022 年 10 月发布的《美国制造业创新亮点报告》显示，美国已建成 16 家制造业创新中心，涵盖数字制造、智能制造、机器人、制造业网络安全等重点领域，截至 2021 年底成员单位超过 2300 家，涉及主要研发项目 700 多个。

数字技术在工业中的应用是推进数字碳中和目标实现、数字生态文明建设的重点。全球电子可持续发展推进协会（GeSI）的研究结果显示，通过赋能其他行业，数字技术可以在未来 10 年内使全球碳排放降低 20%，这一技术改造效应将主要集中于智慧能源、智慧制造等领域。在能源部门，智能电网、能源实时定价和小规模分布式的可再生能源发电系统是未来的发展方向。在智能制造领域，数字技术赋能生产流程协同与能源环保管理，中国信通院《数字碳中和白皮书》中的案例研究显示，某钢铁企业的热轧智能车间通过数字化改造实现能耗下降 6.5%。

数字化改变了传统商业模式，使工业和服务业结合得更紧密。弗劳恩霍夫（Fraunhofer）协会的调查研究还显示，近 3/4 的德国工业企业的商业模式在数字化转型中发生了变化。例如，汽车制造商正在发展成为移动解决方案的提供商，而医疗技术制造商正在发展成为智能健康服务的提供商。此外，数字金融服务在推动数字发展中至关重要。数字金融服务增强了金融服务对于贫困人口的可及性。在肯尼亚、乌干达、坦桑尼亚和印度等发展中国家，以数字手段推广普惠性金融服务在帮助人口脱贫、提升人口素质以防止失业、作物歉收情况下的紧急援助等公益事业中起了重要作用。

数字政务使政府更高效地服务民众。数字政务提升了政府运作效率，数字公共平台为公众参与提供了新的渠道，并通过建立清晰问责机制提高了政府服务质量，使政府服务更以人为中心。在英国，中央数字和数据办公室（CDDO）的 IT 系统已经使用了几十年，其陈旧的数据是数字政务推行的主要障碍。2022 年 6 月，英国中央数字和数据办公室（CDDO）向英国政府提交了一份数字化转型路线图，计划投资超 1 亿英镑以促进政府数字化转型。英国中央数字和数据办公室（CDDO）表示，到 2025 年，数字化转型预计能够为英国政府部门节省

10 亿英镑的运行成本。

1.4　数据孤岛和网络安全问题依然严峻

网络安全是数字发展的基础。安全与公众切身利益息息相关，如果网络安全这个基础没有打牢，市场主体向外分享数据、参与数字发展建设的意愿就会降低，即使在"不安全"的基础上取得了一定的发展成果，这样的数字发展生态也是脆弱的、不可持续的。数据要素是数字经济时代的最活跃增长要素。一方面，数据要素具有可复制性，能够突破时空限制，多场景重复应用，促进社会生产力长期发展；另一方面，数据要素能够与传统生产要素结合，实现要素数据化，提高传统生产要素的使用效率。当前，全球范围内的数据孤岛与网络安全问题突出，成为阻碍数字发展的主要障碍。

数据孤岛问题按不同层级可划分为国家之间、组织之间与系统平台之间的数据孤岛问题，不同层级的数据孤岛问题的成因与表现各有侧重（表 1.3）。

表 1.3　不同层级的数据孤岛问题总结

层级	成因	表现
国家之间	数字鸿沟	落后国家互联网接入困难
	数字主权	数字时代的国际竞争。例如，阻碍别国数字平台在本国发展
组织之间	维护商业利益	数字平台凭借数据优势实施垄断行为
系统平台之间	缺乏高效的数据治理技术	数据散落在系统平台内部的各个角落，无法有效地组织利用
	缺乏通用的标准规范与技术架构	阻碍数据供需匹配与安全高效传递

数字鸿沟、数字主权使国家之间的数据孤岛问题加剧。一方面，由于不同国家的社会经济发展水平本身存在巨大差距，在当前阶段，互联网接入困难仍是数字鸿沟形成的重要原因。国际电信联盟数据显示，2021 年全球互联网普及

率仅为 62.5%，其中，发达国家的互联网普及率高达 90.3%，发展中国家的互联网普及率为 57.1%（图 1.4），距离真正的全球互联、"全球一张网"仍有较大差距。另一方面，数据要素成为国家战略性资源，使数据孤岛问题由微观层面上升到宏观层面，出于对数字主权的考虑，或是受地缘政治的消极影响，互联网的碎片化趋势加剧。截至 2021 年 12 月，全球已经有 137 个国家出台了保护数据和隐私的法律法规，覆盖率达到 70%，以加强对数据资源的管控，但国际上仍尚未形成具有普遍共识的数据治理规则。欧盟在《通用数据保护条例》（GDPR）中最早提出数字主权的概念，以防御境外数字平台在欧洲市场形成垄断，并为欧盟内部数字经济的发展创造条件，这个概念在一定程度上对全球互联造成了消极的影响。近年来，美国对起源于中国的 TikTok、微信等数字平台实施封锁和打压，同样是出于维护国家数字主权的考虑，部分企业为求生存实施国内国外独立运营策略，导致互联网的碎片增多。

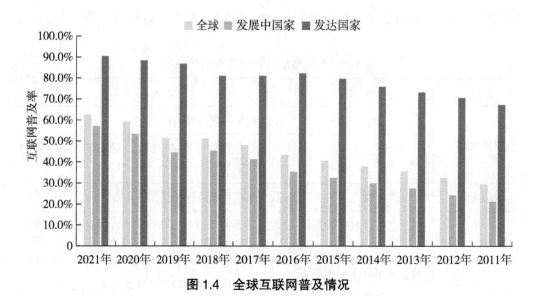

图 1.4　全球互联网普及情况

（数据来源：国际电信联盟）

数字平台之间的寡头竞争局势加剧了不同组织之间的数据孤岛问题。数字时代不同组织为了维护其竞争优势，将数据资源封闭在各自组织内部，不对外开放，导致了新型数据孤岛问题。联合国贸易和发展会议发布的《数字经济发展报告 2021》指出，当前，美国的大型数字平台处于绝对优势地位，中国的数字平台紧随其后（图 1.5），数字平台汇集了大量数据，并通过领先的数字技术将数据资源转化为现实收益，进一步巩固其垄断地位。

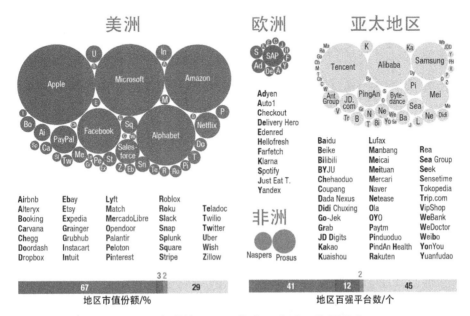

图 1.5　全球前 100 强数字平台地理位置分布

（来源：联合国贸易和发展会议《数字经济发展报告 2021》）

组织即使有向外分享数据的意愿，也仍将受困于系统平台之间的数据孤岛问题。数据从产生到流通应用的全生命周期都依附于技术系统和平台，受制于抽象、不利于大脑理解的特点，实际场景中数据往往零碎地散落在终端、网络、平台、系统内的各个部分，阻碍了数据资源向高价值资产的转变。此外，缺乏统一的规范标准和通用的技术架构，既给数据需求方定位目标数据、数据供需双方有效对接筑成了数据交易市场的无形壁垒，又阻碍了系统平台之间的数据高效流通与安全交换。

互联网世界的构建关乎大量基础技术和底层协议，随着数据规模和数据交易市场的壮大，技术标准不健全导致的摩擦成本将逐渐堆叠，形成对数据互联互通的极大障碍，因此应尽快推动相关数据传输标准与协议制定。而这些标准与协议一旦确立，便将逐渐发展形成构筑于其上的商业生态，标准与协议的更改或再制定具有一定难度。

网络安全事故的破坏力不断上升，给企业造成的损失、对社会公共秩序的扰乱程度也不断升级。《2022 全球网络安全态势报告》中的一项调查显示，65%的受访者反映网络攻击事件正在不断增加，64% 的安全专业人士表示满足新的安全要求具有一定挑战。根据 Cybersecurity Ventures 最新发布的《2022 年网络犯罪报告》，2023 年网络犯罪将给全世界造成 8 万亿美元的损失，如果以国家经济体量衡量，这一数额相当于仅次于美国和中国的世界第三大经济体。

供应链安全在网络安全中的地位进一步上升。当前供应链安全的潜在威胁主要体现在两个方面：一是开源软件供应链生态面临的风险增加。近年来，影响广泛的 Log4j2 漏洞、SolarWinds 事件等危机敲响了开源软件供应链生态安全警钟，开源软件在具备代码公开、获取成本低、迭代迅速等优点的同时，也更容易被居心不良者利用，成为破坏供应链生态安全的工具。二是软硬件停服断供作为制裁打压手段威胁各国网络安全。俄乌战争期间，英特尔、AMD、台积电、微软等科技巨头在芯片、基础软硬件、产品服务等方面对俄罗斯"停服断供"，随着中美关系紧张，美国对中国的技术封锁不断升级，频繁出台出口管制措施，2022 年 8 月通过的《芯片与科学法案》更是在竭力切断先进的芯片设计和制造产能与中国的联系。

网络安全是数字发展的必然要求，网络安全本身可以视为数字发展的一部分。近年来，网络安全投资不断增加，全球网络安全市场复苏态势明显。中国信通院数据显示，近 5 年全球网络安全支出占 IT 支出的比重约为 5%，创造了巨大的网络安全市场需求。网络安全融资热潮持续，2021 年全球共发生网络安全投融资 1042 起，同比增长 43.1%，交易金额为 293 亿美元，同比增长 136.2%。欧美地区对网络安全的整体投入水平较高，美国、欧盟、日本等国家和地区纷纷增加网络安全领域的财政预算，美国 2023 财年在民事机构网络安全领域的预算高达 109 亿美元，比 2022 年增加 11%。美国、英国、法国、德国等国家的企业网络安全投入占 IT 投入的比重达到 20%~23%。与此同时，在网络安全领域的巨额开支也为企业在其他技术领域的研发投入造成不小压力。

1.5　全球数字领域话语权争夺日趋激烈

主要国家在数字贸易话语权上争夺激烈。美国在数字贸易规则上的主张可总结为推动数据跨境流动、防止数据本地化、防止强制披露专有源代码。欧盟本地数字平台企业的国际竞争力较弱，本地市场大多被美国大型互联网企业占据，因而欧盟采取严格数据保护措施，其关注重点包括 3 个方面：一是将个人信息保护视为基本权利，建议国际规则承认各成员有权采取其认为适当的保护措施，跨境数据流动规则也应让位于个人信息保护。二是扩大与电子商务关系最密切的服务贸易市场准入。三是改革电信服务和互联网管理。中国是电子商务大国，中国关注由互联网驱动的货物贸易和与之相关的支付、物流等服务，以为电子商务创造良好、可信赖的市场环境。在跨境数据流动等新议题上，中国持谨慎立场，认为应当尊重各成员自主选择的电子商务发展道路，允许各国政府立足各自国情选择相应的规制措施；同时中国政府遵循了一贯的稳健作风，认为可以逐步推进，不需要过于激进。

数字贸易的兴起对全球原有的贸易投资规则框架提出新的挑战。WTO 是工业经济时代最重要的国际经济组织之一，其成员之间的贸易额占世界总贸易额的绝大比例，因此被称为"经济联合国"，数字贸易的特殊性与 WTO 原有贸易规则不适配成为当前 WTO 面临的主要挑战。在 WTO 的现行规则下，没有针对数字贸易出台专门的规则，相关的规则制定多集中于 WTO 框架下的协定文本及附件中，如《服务贸易总协定》（GATS）、《与贸易有关的知识产权协议》（TRIPS）、《信息技术协定》（ITA）等。数字经济时代的世界发展格局尚未确立，不同国家（地区）发展现状不一，在数字贸易的国际竞争中利益诉求也大相径庭，导致 WTO 在数字领域的谈判与贸易规则制定进展缓慢，当前，数字贸易相关规则的谈判主要以区域贸易协定的方式推进。

以区域贸易协定为主要推进形式的全球数字话语权争夺日趋激烈。美国及其盟国发挥同心圆效应，先在小范围内形成数字贸易协定，而后凭借自身国际影响力及数字发展优势，推广自身倡导的数字贸易规则，从而在更大范围内达成共识，进而增强对全球数字贸易规则制定的主导优势。美国欲将中国排除在区域数字贸易协定之外，从而削弱中国在国际上的数字话语权，由美国主导的《跨境隐私规则体系》（CBPR）成为当前形势下美国政府的重要筹码，而申请加入《数字经济伙伴关系协定》（DEPA）、《全面与进步跨太平洋伙伴关系协定》（CPTPP）是中国应对美国上述意图的战略举措。此外，美国也可能通过关键盟友的力量，在美国尚未加入的区域数字贸易协定中推行美国主导的数字贸易规则。中国则需借助双边和区域谈判平台，构建公平公正的国际规则，在国内加强制度创新，实现国内管理与国际规则对接。

东南亚和南亚是当前全球范围内数字经济增长最快的地区，是数字贸易发展及相关规则部署的重点竞争区域。包括美国在内的主要国家和地区加速布局该地区的数字贸易。2021 年 4 月，欧盟发布《欧盟在印太地区合作战略》；2022 年 5 月，美国成立"印太经济框架"（IPEF），涉及数字贸易等领域的谈判安排。东南亚和南亚一直是中国互联网产品与服务出口的首要地区，中国互联网产品与服务已经在当地形成了一定的市场影响力。2022 年 1 月 1 日，由东盟十国发起的《区域全面经济伙伴关系协定》（RCEP）正式生效，这标志着全球人口最多、经贸规模最大的自由贸易区扬帆起航，此外，中国积极推进亚太经合组织机制下的数字经济合作，中国—东盟信息港建设取得积极成效。在世界其他地区，中国积极推进《"一带一路"数字经济国际合作倡议》，建设 21 世纪数字丝绸之路，达成《金砖国家数字经济伙伴关系框架》，开启金砖国家数字经济合作新征程，帮助非洲国家建设数字基础设施，共享数字发展红利，以开放姿态积极推进全球数字合作与数字发展（表 1.4）。

表 1.4　中国增强全球数字贸易话语权的重要举措

时间	协定名称	重要进展	内容
2021 年 9 月	《全面与进步跨太平洋伙伴关系协定》（CPTPP）	中国正式申请加入《全面与进步跨太平洋伙伴关系协定》	坚持市场开放与合理监管并重。在海关关税、数字产品和服务的非歧视性待遇、无纸贸易、电子商务网络的接入和使用原则等方面促进市场开放，同时以电子签名和电子认证、线上消费者保护、个人信息保护等手段促进合规监管
2022 年 1 月	《区域全面经济伙伴关系协定》（RCEP）	RCEP 正式生效，标志着全球人口最多、经贸规模最大的自由贸易区扬帆起航	对标 CPTPP、DEPA 等高标准自贸协定，面向 RCEP 中的发展中国家，数字贸易规则的强制性较低，在做出总体规定的同时，往往保留了各国一定的自主权
2022 年 8 月	《数字经济伙伴关系协定》（DEPA）	中国加入 DEPA 工作组正式成立，全面推进中国加入 DEPA 的谈判	作为全球第一个关于数字经济问题的专项协定，为全球数字经济制度提供模板与参考。DEPA 借鉴了 CPTPP 数字贸易有关条款，对人工智能、金融科技等新议题进行了新探索，以电子商务便利化、数据转移自由化、个人信息安全化为主要内容

第 2 章　中国数字发展进展及趋势

在数字发展的时代浪潮中，中国坚定不移走中国特色数字经济发展道路，与时俱进不断完善数字发展的顶层设计、营造良好的政策环境，从网络基础设施、算力基础设施、应用基础设施 3 个方面夯实数字发展基础设施建设，不断加大对数据技术创新的研发投入，从制度层面为数据要素价值释放扫清障碍，促使经济社会各领域的数字发展取得显著成效。在未来，数字发展将进一步面向泛在智能，使人民生活更加便利美好、社会发展更加和谐包容。

2.1　数字发展顶层设计不断完善丰富

在顶层设计层面，党的二十大和《数字中国建设整体布局规划》为中国数字发展指明了方向。2022 年 10 月召开的中国共产党第二十次全国代表大会从战略全局的角度科学谋划了未来一个时期党和国家事业发展的目标任务和大政方针。党的二十大提出，要加快建设网络强国和数字中国，加快发展数字经济，促进数字经济和实体经济深度融合，打造具有国际竞争力的数字产业集群。2023 年 2 月，中共中央、国务院印发《数字中国建设整体布局规划》，为国家整体的数字化发展、推进中国式现代化指明了发展路径。其中提出，到 2025 年，数字中国建设取得重要进展，到 2035 年，数字化发展水平进入世界前列。《数字中国建设整体布局规划》明确，数字中国建设按照"2522"的整体框架进行布局（图 2.1），即夯实数字基础设施和数据资源体系"两大基础"，推进数字技术与经济、政治、文化、社会、生态文明建设"五位一体"深度融合，强化数字技术创新体系和数字安全屏障"两大能力"，优化数字化发展国内国际"两个环境"。

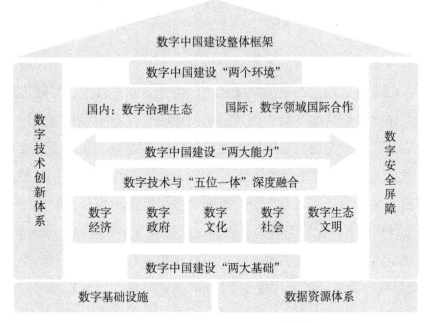

图 2.1　数字中国建设"2522"整体框架

在具体的发展规划层面,《"十四五"数字经济发展规划》聚焦八大具体任务,《关于构建数据基础制度更好发挥数据要素作用的意见》从产权制度安排上为数据互联互通扫清障碍。2022 年 1 月,国务院颁布《"十四五"数字经济发展规划》,提出的发展目标是:到 2025 年,数字经济核心产业增加值占国内生产总值比重达到 10%。同时,部署了八大任务,具体包括优化升级数字基础设施、充分发挥数据要素作用、大力推进产业数字化转型、加快推动数字产业化、持续提升公共服务数字化水平、健全完善数字经济治理体系、着力强化数字经济安全体系、有效拓展数字经济国际合作,并围绕八大任务明确了信息网络基础设施优化升级等 11 个专项工程。2022 年 12 月,中共中央、国务院印发《关于构建数据基础制度更好发挥数据要素作用的意见》,从数据产权、流通交易、收益分配、安全治理 4 个方面初步搭建我国数据基础制度体系,提出 20 条政策措施。其中的数据产权制度立足于当前数据要素市场建设的实际情况,做出淡化数据所有权、强调数据使用权的产权制度安排,以促进数据使用权流通为核心目标,提出建立数据资源持有权、数据加工使用权和数据产品经营权"三权分置"的数据产权制度框架，是我国发展中国特色数字经济的有效举措和制度创新。

在治理方面，规则制度的不断完善健全有助于网络强国等国家顶层战略更好地实施，创造可预期、稳定的制度环境，使企业在日常业务中逐渐形成合规发展体系，在面对监管时不至于无所适从，促使规范与发展并重成为各方长期共识，推动互联网行业规范有序健康发展。2022年1月，国家发展改革委等九部门联合发布《关于推动平台经济规范健康持续发展的若干意见》，提出健全完善规则制度、提升监管能力和水平，明确了平台经济治理与发展的工作主线，并从加强统筹协调、强化政策保障、开展试点探索3个方面提出保障措施，中国平台经济规范发展政策体系逐步建立。2022年以来，中央网信办密集颁布包含《互联网信息服务深度合成管理规定》《互联网跟帖评论服务管理规定》在内的多项管理规定。为应对生成式人工智能给人类带来的挑战，国家网信办于2023年4月发布《生成式人工智能服务管理办法（征求意见稿）》。此外，《反垄断法》等法律法规的修正案也陆续通过。

当前，互联网监管尚余有空间，可以预见，在2023年仍然会出台或修订相当数量的管理规定或法律法规，以弥补当前互联网治理在部分领域的空白。政策法规密集出台后，互联网行业将进入规范与发展并重，监管政策、方式方法逐步完善的常态化监管阶段。

2.2 数字基础设施布局加速推进

根据《数字中国建设整体布局规划》，数字基础设施可分为算力基础设施、网络基础设施和应用基础设施3个部分，当前，中国已经建成了全球规模领先的数字基础设施。

算力基础设施建设提速。工业和信息化部《新型数据中心发展三年行动计划（2021—2023年）》提出的发展目标是，到2023年底，全国数据中心总算力超过200 EFLOPS，高性能算力占比达到10%。截至2022年底，我国算力总规模达到180 EFLOPS（每秒18 000京次浮点运算），存力总规模超过

1000 EB，国家枢纽节点间的网络单向时延降低到 20 毫秒以内，算力核心产业规模达到 1.8 万亿元。国家网信办数据显示，2022 年中国算力规模位居全球第二，近 5 年中国算力年均增速超 30%。2022 年 2 月，"东数西算"工程正式启动，截至 2022 年 8 月，8 个国家算力枢纽均进入深化实施阶段，新开工数据中心项目有 60 余个，新建数据中心规模超 110 万个标准机架，项目总投资超 4000 亿元，全国算力结构逐步优化，算力集聚效应初步显现。在智能算力方面，当前全国智算中心已超过 20 个。2023 年 4 月，科技部启动国家超算互联网部署工作，意在突破现有单体超算中心运营模式，加强全国超算资源统筹协调。

网络基础设施大规模覆盖。截至 2022 年 6 月，我国千兆光网具备覆盖超过 4 亿户家庭的能力，已累计建成开通 5G 基站 185.4 万个，总量占全球的 60% 以上，实现县县通 5G、村村通宽带。全国超 300 个城市启动千兆光纤宽带网络建设，千兆用户规模达 3456 万户。农村和城市实现同网同速，行政村、脱贫村通宽带率达 100%。2022 年，域名数为 2010 万个，".CN"域名数为 1786 万个，IPv6 地址数为 67 369 块 /32，IPv6 地址资源总量位居世界第一（图 2.2）。智能手机、可穿戴设备、各类传感器等联网智能终端不断增强数据采集能力，卫星互联网、5G 移动网、光纤宽带等组成空天地全方位覆盖的网络基础设施，并提供高可靠性、低时延的数据传输服务。

应用基础设施面向行业发展。从横向看，原本与互联网应用更加接近的技术服务能力（如数字内容生产、软件开发、人工智能、数据治理等）的构建对专业人员、计算资源、算法能力、合规经验等方面的要求日趋提升，应用层企业为自身业务而加大投入以构建此类能力已不具备市场经济所需的合理投入产出效益，这类技术服务逐步与特定应用分离，而与数据互操作及计算、网络等数字基础设施结合得更加紧密，并成为新型数字基础设施的一部分，开始面向不同应用领域提供通用化、标准化、规模化服务。特别是当"上云"成为企业数字化转型的必然选择时，如何在云上开展业务创新成为企业关注的焦点，基于云原生的各种技术和方案逐渐成为应用基础设施的重要组成部分。

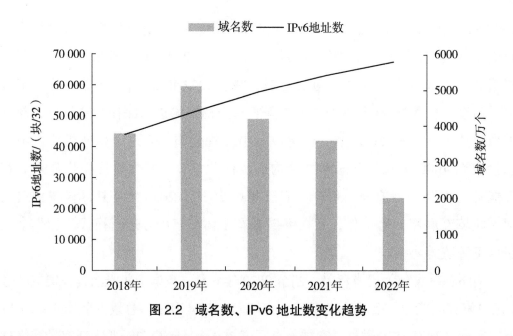

图 2.2　域名数、IPv6 地址数变化趋势

数据基础设施建设是未来发展方向。数据基础设施是应用基础设施的重要组成部分。数据基础设施是数据全生命周期的"总控制"，类比于工业经济时代围绕资本流通建立的监管体系，数据基础设施帮助实现对数据要素的统筹管理与宏观调配。推动数字经济的高质量、可持续发展是数字基础设施建设的最终目的，而数据要素作为数字经济发展的最活跃增长要素，数字基础设施应支撑数据全生命周期的高效流通。以畅通数据资源大循环为价值导向，必然引导数据基础设施从应用基础设施中分离出来，形成以网络基础设施为"总线"，以算力基础设施为"存储器"和"运算器"，以数据基础设施为"控制器"的数字基础设施建设体系，共同促进数据要素价值释放。

2.3　数字技术创新取得突破

国家统计局数据显示，2022 年中国全社会研发投入为 3.09 万亿元，首次突破 3 万亿元大关，较上年增长 10.42%，研发投入强度增长至 2.55%（图 2.3）。高强度研发投入带动中国创新成果涌现，《2022 年全球创新指数报告》显示，中国在创新领域全球排名从 2021 年的第 12 位升至 2022 年的全球第 11 位，是十年来唯一一个排名持续快速上升的国家（图 2.4）。从技术领域看，《世界知识产权指标 2022》显示，中国在计算机技术领域的 PCT 国际专利申请量占比最高，为 9.9%，其次是数字通信领域，占比为 9.0%，中国在计算机技术领域专利申请量增长 7.2%，在数字通信领域增长 6.9%，体现出中国数字技术创新能力的提升。

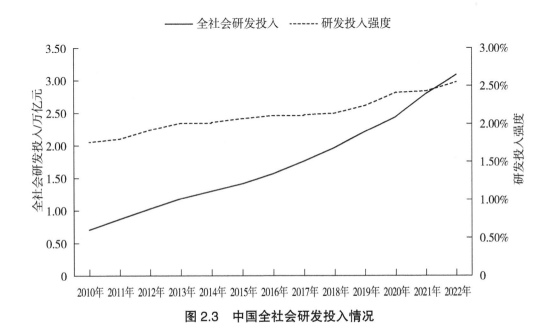

图 2.3　中国全社会研发投入情况

（数据来源：中华人民共和国财政部）

　　在硬件制造方面，随着美国对我国的技术封锁加剧，"卡脖子"领域的国产替代进程提速，近年来，中国在"卡脖子"领域与世界顶尖水平的技术差距有所缩小。2022 年 8 月，壁仞科技在上海发布首款通用 GPU 芯片 BR100，刷新全球算力纪录，16 位浮点算力达到 1000 T 以上、8 位定点算力达到 2000 T 以上，单芯片峰值算力达到 PFLOPS 级别，标志着中国的通用 GPU 芯片迈上"每秒千万亿次计算"新台阶。光刻机是制造芯片的核心设备，2023 年 2 月，哈工大发布"高速超精密激光干涉仪"相关研发成果，该成果攻克了确保光刻机工作台、物镜系统之间的相对位置的技术难题，可用于制造 7 nm 以下芯片，是我国在光刻机领域的重大技术突破。

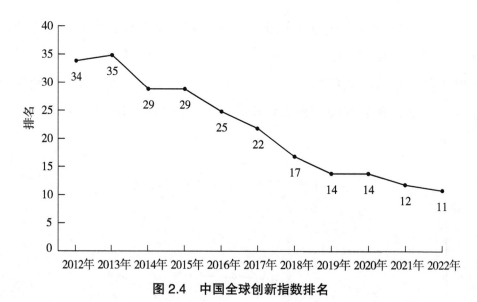

图 2.4　中国全球创新指数排名

（数据来源：世界知识产权组织《2022 年全球创新指数报告》）

在软件研发方面，技术创新同样稳步推进。InfoQ 研究中心统计数据显示，截至 2022 年，中国软件专利技术领域 Top 3 为网络、大数据和人工智能，3 项占比达 76.34%。在网络技术领域，5G 处于由 R17 标准向 R18 标准演进的过程中，商业应用场景拓宽反哺技术发展。2023 年 2 月，华为发布了 One 5G 全系列解决方案，围绕 TDD、FDD、室内数字化等全方位最大化单站全频段能力，实现全网全场景深度协同，助力运营商建设综合性价比最优的 5G 网络。在大数据技术领域，经过几十余年的发展，大数据技术框架逐渐成熟，数据存储与计算领域各技术产品转向使用融合架构。2023 年 3 月，数据库领域权威测评机构国际事务处理性能委员会（Transaction Processing Performance Council，TPC）通过官网披露，腾讯云数据库 TDSQL 性能成功打破世界纪录，每分钟交易量达到 8.14 亿次，标志着我国国产数据库技术取得新的突破。在人工智能技术领域，创造性人工智能领域迎来技术突破，此轮技术突破有明晰的商用前景，使人工智能成为当前数字技术最热门的领域，人工智能真正进入普通民众视野，对生产生活起到切实的帮助作用。国内互联网企业接连宣发类 ChatGPT 产品。百度于 2023 年 3 月上线类 ChatGPT 产品"文心一言"；2023 年 4 月，阿里达摩院宣布其类 ChatGPT 产品"通义千问"向外部企业开放测试；科大讯飞于 2023 年 5 月推出辅助学习领域的类 ChatGPT 产品"AI 学习机"。

我国工业软件市场规模保持快速增长。据中国工业技术软件化产业联盟数据，中国工业软件市场规模由 2012 年的 729 亿元增加到 2020 年的 1974 亿元，年复合增长率约为 13.27%，2026 年市场规模有望达到 4301 亿元。在区块链技术领域，国内市场 Hyperledger Fabric 一家独大的局面被打破，国产自研底链不断增加。云计算、云原生技术在中国市场进一步普及，云网边端一体化成为主流计算架构，推动计算服务向速度更快、质量更优、代价更小的理想计算形态演进。中国信通院数据显示，2021 年中国云计算总体处于快速发展阶段，市场规模达 3229 亿元，较 2020 年增长 54.4%，其中，公有云市场规模同比增长 70.8%，公有云 PaaS 市场规模同比增长 90.7%，反映出国内市场对高附加值云服务的需求旺盛。

2.4　经济社会各领域数字发展成果显著

数字经济规模持续上升。如图 2.5 所示，2022 年中国数字经济规模达到 50.2 万亿元，数字经济占 GDP 比重达到 41.5%，为历年之最。中国信通院《中国数字经济发展报告（2022 年）》的数据显示，2021 年我国数字产业化规模达到 8.4 万亿元，同比名义增长 11.9%，占 GDP 比重为 7.3%，与上年基本持平，其中，ICT 服务部分在数字产业化中的主导地位更加巩固，软件产业和互联网行业在其中的占比持续小幅提升。数字产业化不断取得新进展，新兴技术行业国际竞争力显著提升；产业数字化转型提档加速，第一、第二产业的数字发展水平不断攀升。智慧农业在全国范围内推广，农业农村部数据显示，2021 年农作物耕种收综合机械化率超过 72%，农机应用北斗终端超过 60 万台套，山东、广东、江苏、黑龙江等地集中打造了一批无人农场、植物工厂、无人牧场和无人渔场，产品溯源、精准施肥等数字化农业技术得到推广，大幅提高了农业生产效率。工业互联网规模化发展提速，国家网信办数据显示，截至 2022 年 6 月底，我国工业企业关键工序数控化率、数字化研发设计工具普及率分别达 58.6%、77%。

图 2.5　中国数字经济发展情况

（数据来源：中国信通院）

数字政府建设成效显著。2022 年 6 月发布的《国务院关于加强数字政府建设的指导意见》指出，加强数字政府建设是建设网络强国、数字中国的基础性和先导性工程，要以数字政府建设引领驱动数字化发展。疫情加速推进了数字政府建设，疫情防护的现实要求推动中央与地方、各地方政府之间疫情相关数据的互联互通，加速了政府公共服务的数字化进程。疫情以来，一体化政务服务和监管效能取得积极进展，"最多跑一次""一网通办""接诉即办"等在政务服务中广泛推行，政务服务平均承诺办理时限压缩一半以上，数字政府治理效能显著增强。以浙江省数字政府建设为例，截至 2022 年 8 月，浙江省政府推出的公权力大数据监督应用已归集行权数据 9600 万条，产生红色预警 3.7 万条，挽回直接损失 9500 万元。

数字社会服务普惠便捷。教育部主导建成国家智慧教育平台，包含基础教育、职业教育、高等教育 3 个资源平台，以及"24365"大学生就业服务平台，自平台上线以来，各类优质数字资源供给不断扩大，浏览量持续增加。据教育部数据，截至 2022 年 7 月 12 日，门户和 4 个平台的总浏览量已经超过 30.3 亿次，总访客量达到 4.3 亿人，有力支撑了各地抗击疫情期间"停课不停学、停课不停教"。数字乡村建设助力人口持续性脱贫，数字技术职业培训助力劳动者在数字产业领域职业技能提升，直播带岗、云招聘等数字化就业服务创新实践不断涌现，促进劳动者与用人单位高效对接。数字基础设施、互联网应用的适老化和无障碍改造深入推进，弥合弱势群体面临的数字鸿沟，保障弱势群体的网络安全与数据安全。

数字生态文明责任压实。《中共中央 国务院关于完整准确全面贯彻新发展理念做好碳达峰碳中和工作的意见》提出，推动互联网、大数据、人工智能、第五代移动通信（5G）等新兴技术与绿色低碳产业深度融合；2022 年 8 月，科技部等 9 个部门印发的《科技支撑碳达峰碳中和实施方案（2022—2030 年）》强调，发挥科技对"双碳"目标的支撑作用，围绕"双碳"目标构建相应的技术创新体系。随着顶层设计进一步明晰，碳排放统计核算体系、全国碳排放交易市场、ESG（环境、社会和公司治理）等企业可持续经营评价指标进一步完善健全，在政策合规、公众监督、同行竞争的压力下，双碳压力越来越多地落实到企业身上。截至 2022 年 7 月 20 日，共有 1429 家 A 股上市公司发布 2021 年 ESG 报告（图 2.6），较上年增长 337 家，发布报告的公司数量占全部 A 股上市公司数量的 29.6%，其中，40.9% 的沪市上市公司发布了 ESG 报告，21.8% 的深市上市公司发布了 ESG 报告。越来越多的企业进行碳中和规划或是发布具体行动报告。例如，2022 年 2 月，腾讯公司发布《腾讯碳中和目标及行动路线报告》；2023 年 2 月，联想集团发布《联想集团 2022 碳中和行动报告》。

数字文化营造丰富体验。数字文化产业高质量内容供给能力大幅增强，3D 互联网、元宇宙、VR/AR 等虚实融合技术拓展数字文化的展现形式，给传统文化、经典文化 IP 注入新的生命力，4K/8K 超高清、沉浸式视频、云游戏等新业态丰富大众的数字文化体验，博物馆、科技馆、图书馆、会展、音乐厅等线下文化场馆推陈出新，不断满足人民群众的精神文化需求。数字文化传播实现立体覆盖，网络视频成为文化生活的重要组成部分。中国互联网络信息中心（CNNIC）数据显示，截至 2022 年 6 月，我国网络视频（含短视频）用户规模达 9.95 亿户，占网民整体规模的 94.6%。中国数字文化产业不断壮大，根据弗若斯特沙利文的测算，中国泛娱乐市场规模 2016—2021 年复合增长率高达 23.5%，这一高增趋势仍在持续，数字文化企业"出海"势头良好，中国文化在海外市场的影响力不断提升。

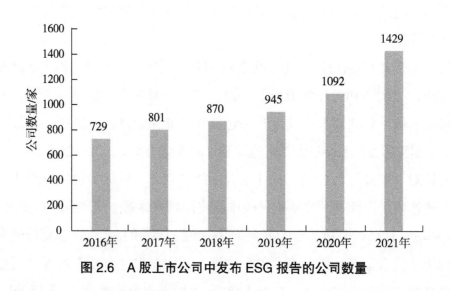

图 2.6　A 股上市公司中发布 ESG 报告的公司数量

2.5　政策落地支撑数据要素价值释放

数据要素顶层设计不断完善。数据要素的基础性战略资源地位日渐凸显，数据要素的内在价值得到社会各界的重视，但是普遍存在的"数据要为我所有"的理念和"数据中台"的模式制约了数据要素价值释放。2022 年 12 月，中共中央、国务院对外公开发布《关于构建数据基础制度更好发挥数据要素作用的意见》，这是我国深化改革开放的战略性和关键性举措，"不求为我所有，但求为我所用"的数据发展和治理理念有望形成，从"数据中台"到"数据中枢"的应用模式有望建立。

数据要素赋能数字经济发展。中国数据产量呈指数级增长，《数字中国发展报告（2021 年）》指出，2017—2021 年我国数据产量从 2.3 ZB 增长至 6.6 ZB，全球占比达 9.9%，位居世界第二。据国际数据公司（IDC）预测，到 2025 年我国数据量将接近 49 ZB，约占全球数据总量的 27.8%，数据量增长速度为全球之最。国家工业信息安全发展研究中心数据显示，2015—2021 年数据要素对 GDP 增长的贡献率呈上升趋势，2021 年数据要素对 GDP 增长的贡献率和贡献度分别为 14.7% 和 0.83 个百分点。

数据要素市场规模壮大。2021 年，我国数据要素市场规模达到 815 亿元，预计"十四五"期间市场规模年复合增长率将超过 25%，数据要素市场整体处于高速发展阶段。2022 年 7 月疫情后上海数据交易所首月交易成交额不足 30 万元，但截至 2022 年 12 月成交额成功突破 5000 万元，实现数据交易额的飞跃增长。截至 2022 年 12 月，贵阳大数据交易所共有产品 606 个，北京国际大数据交易所共有产品 1253 个，上海数据交易所登记了 96 个数据产品，中国数据要素市场发展仍呈现出"供给旺盛、流通不足"的特征。根据全国信标委大数据标准工作组的统计，国内数据量年均增长率达 40%，但被利用的数据量年均增长率仅为 5.4%。各级政府与大型企业是数据要素市场的供给主体，数据要素市场的主要需求来自于零售企业与金融机构，小型企业受限于数据资源积累不足、缺乏数据购买资金、数字化转型需求不强烈等因素，在数据要素市场中并不活跃。

大数据产业规模增长迅速。大数据产业规模从 2017 年的 4700 亿元增长至 2021 年的 1.3 万亿元，年复合增长率约为 29.0%。如图 2.7 所示，金融、医疗、应急、城市大脑等应用为大数据项目的首要分布方向，其大数据项目占比为 21.5%，数据跨行业融合应用紧随其后，占比为 20.6%，17.9% 的大数据项目用于企业生产过程优化，反映出数实融合取得一定成果。前三大方向的大数据项目占所有大数据项目的比重约为 60%，表明大数据项目方向相对集中。公共数据开放取得积极进展。当前，覆盖国家、省、市、县等层级的数据目录体系初步形成，2017—2021 年，开放的有效公共数据集由 8398 个增至近 25 万个。截至 2021 年 5 月，我国数据共享交换平台上线目录超过 65 万条；截至 2021 年 10 月，我国共有 193 个省级和城市的地方政府开放了线上数据。

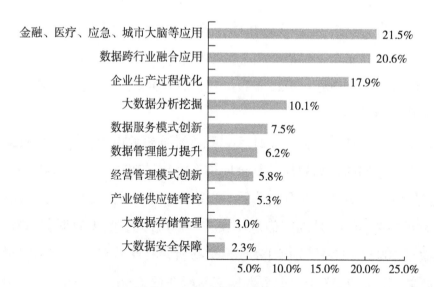

图 2.7　大数据项目的方向分布

（数据来源：国家工业信息安全发展研究中心）

2.6　数字发展泛在智能趋势明显

中国数字发展面向泛在智能，泛在化意味着中国数字化转型全面深入，涉及面广、影响力大。具体而言，泛在化趋势体现在以下几个方面。

第一，数据要素贯穿数字经济发展全流程。数据要素本身具有可复制、高流动、无限增长的特性，随着数据要素的内在价值得到各方认同，更多的数据资源得到利用，并向数据要素、数据资产、数据产品的高价值形态演化，支撑企业进行数字化生产、数字化管理、数字化经营，推动智慧交通、智慧城市、数字中国建设。

第二，数字基础设施规模领先。如前文所述，中国已经建成全球规模领先的数字基础设施，数字基础设施覆盖地域面积广、人口范围大，实现了县县通5G、村村通宽带。数字基础设施迭代升级仍在持续，算力基础设施朝云网边端一体化方向演进，网络基础设施由卫星互联网、5G 移动网、光纤宽带形成空天地全方位覆盖。2021 年 12 月，中央网络安全和信息化委员会发布《"十四五"国家信息化规划》，提出建设泛在智联的数字基础设施体系，全方位推动基础设施能力提升。

第三，数字发展深度向实融合。中国互联网发展最初更偏重于 C 端的广大用户，"互联网 +"行业集中于消费互联网，但随着消费互联网流量增长见顶、模式创新受挫，产业互联网成为发展重点。互联网数字能力外溢推动通用技术服务基础化，大型数字平台发挥其连接作用赋能实体经济，数字发展由第三产业深入第一、第二产业。

第四，物联网连接数迈上新台阶。截至 2022 年 8 月，中国物联网的终端用户数量已经超过移动电话用户数量，使得我国成为全球主要经济体中率先实现"物超人"的国家。在未来，物联网连接的终端数量将进一步增加，而广泛存在的智能终端也将联合打造智能场景，为人类的生产生活提供切实的便利服务。

泛在是智能的基础，智能是泛在的目标，在实现广泛连接后智能化的浪潮逐渐袭来。数据要素治理智能化可帮助提高数据质量、保障数据真实准确，从而有助于进行通用数据分析、提取数据共性价值。高德纳咨询公司（Gartner）预测，到 2023 年数据治理自动化将使企业对低技能 IT 人士的需求减少 20%。数字基础设施向智能化方向演进，以算力基础设施为例，云计算将零散的算力连接起来，并实现计算资源的灵活调配，最大限度地满足使用者对算力的需求。数实融合向智能化方向发展，生产线上会有更多的工业智能机器人，安装了芯片的智能机器人能够识别产品参数，在此基础上自动关联相应工艺进行生产，使得生产线的柔性程度大大增加。智能终端数量大幅增加并相互连接以打造智能场景。以智能交通为例，红绿灯等待时长将根据道路拥堵情况自动调节，从而提升道路使用效率。

数字发展面向泛在智能，数实孪生、万物互联逐步实现，物理世界和数字世界之间的界限将更加模糊，数字技术帮助人类提高对现实物理世界的感知、理解和控制能力，数字世界也将更高效和精准地响应现实世界的需要，人的智力能够进一步从烦琐重复的工作中解放出来，社会生产力将得到极大发展，并引发生产关系、上层建筑发生深刻变革。

分析篇

第 3 章　2022 年中国数字发展案例概述

中国互联网协会是由中国互联网行业及与互联网相关的企事业单位、社会组织自愿结成的全国性、行业性、非营利性社会组织。2020 年 10 月，中国互联网协会支持成立了数字化转型与发展工作委员会，致力于推动中国经济社会数字化转型发展。"互联网助力经济社会数字化转型"案例征集活动是中国互联网协会在第 21 届中国互联网大会框架下特别发起的，由数字化转型与发展工作委员会承办，并计划将其打造成为大会的一项重要品牌特色活动，旨在进一步梳理总结中国数字化发展过程中不同领域积累的成功案例和经验，并不断释放和放大这些案例和经验的价值与作用。在完成各项筹备工作以后，2022 年 4 月，受中国互联网协会委托，数字化转型与发展工作委员会和伏羲智库共同承办此次数字化转型案例的征集与评审工作，并由清华大学互联网治理研究中心的研究团队展开案例分析研究。此次征集活动得到了社会各界的广泛关注、支持和参与，征集到大量优质案例，也得到了有关主管部门和协会领导的高度重视。本研究的素材主要包括从案例征集中筛选出来的成功案例，共 197 个，以及从其他公开渠道搜集到的中国数字化发展过程中的经典案例。

此次案例的涵盖面很广，对应用场景做了一些梳理后发现，应用场景涉及的细分行业有极高的多样性，基本涵盖了所有第一、第二、第三产业，也体现出较高的即时性，进一步印证了数字化转型需求的普遍性，不少当下的生产与生活均有着进行数字化转型的迫切需要。同时，这些应用场景的挖掘也能够引领行业鼓励更多创新，也从侧面预示在挖掘不足的领域里还有很大的发展空间。此外，案例涉及的经济规模也十分庞大，其中仅案例征集活动中，申报企业所涉及的社会融资规模就在 15 万亿元左右，相当于 A 股市值的 17%，所以这些案例作为样本对中国数字化转型的图景具有足够的代表性。

3.1　数字化转型方案供应方的整体特征

从整体来看，以信息技术为代表的数字产业在数字化转型中发挥主力的作用。因为案例征集活动中的申报企业基本上均为数字化转型方案的供应方，通过对这些申报企业的特征进行总结，便可以大致认识当前中国数字化发展的主要驱动力分布。案例申报企业的行业分布如图 3.1 所示，从中可以看出，软件和信息技术服务业、科技推广和应用服务业，以及电信、广播电视和卫星传输服务的企业申报的案例就占所有申报案例的 75%，剩余的 25% 里，也是技术与互联网相关行业的企业占多数。

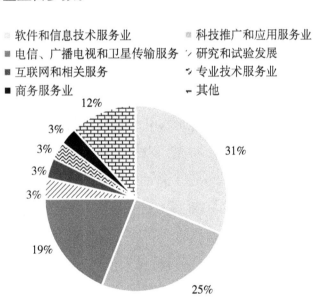

图 3.1　案例申报企业的行业分布

行业分类来自国民经济行业分类。其中，软件和信息技术服务业包括软件开发、集成电路设计、信息系统集成和物联网技术服务、运行维护服务、信息处理和存储支持服务、信息技术咨询服务、数字内容服务及其他信息技术服务等行业。科技推广和应用服务业属于服务业，经营范围是技术开发、技术推广、技术转让、技术咨询、技术服务，是为满足使用计算机或信息处理的有关需要而提供软件和服务的行业。因此，信息技术在数字化转型过程中处于绝对的核心地位，是所有数字化转型方案的基础。而在这些基础中，软件和信息技术服务业同科技推广和应用服务业占比相加超过一半，说明软件技术和相关应用的重要性和需求度整体要高过通信传输技术，一定程度上说明中国数字化进程进入了较深的层次，不再是仅仅追求较浅层次的模式升级或通信传输服务，而是对更基础的系统架构改造和技术创新有了更多的需求。

由于数字化转型需求向底层的不断深入，方案供应方的技术实力也就成了数字化转型过程中起主要作用的因素。通过对案例申报企业的资质情况进行统计（图 3.2），可以看出，超过 60% 的数字化转型方案是由具备国家高新技术企业资质的企业提供的，再加上省级高新技术企业和专精特新企业，总体占比接近 90%。高新技术企业和专精特新企业的资质认定较为严格，一般会对知识产权的数量和质量、研发费用占比，以及通过高新技术获得的营收规模做出相应的要求，能够获得这些资质的企业基本都是研发水平高、成长潜力大、技术能力强的创新型企业。以专精特新企业的申请条件为例，申请专精特新中小型企业需要成立两年以上，拥有自主知识产权的同时，年收入超过 2000 万元或者两年内的融资大于 2000 万元，此外还要满足一些额外条件，如创新能力评价指标值大于 60，或者研发费用大于 1000 万元等。显然这些企业所代表的技术实力在中国数字化发展进程中是不可替代的，高科技创新型企业在数字化转型中有着很大的发挥空间，拥有更多的机会将科技投入转化为实际收益。

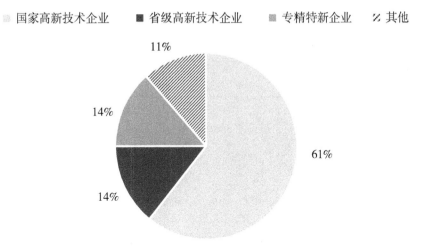

图 3.2　案例申报企业的资质分布

　　事实上，为了不断提高技术实力，数字化转型方案的供应方普遍重视技术研发，这点可以从各企业的技术人员占比得到印证。如图 3.3 所示，横轴为技术人员占比，而纵轴则代表各区间的企业所贡献的案例在全部案例中的占比。能够看出，只有很少的案例是由技术人员占比在 20% 以下的企业贡献的，大约占所有案例的 11%。有将近 20% 的案例是由技术人员占比在 50%~60% 的企业贡献的，而超过一半的案例是由技术人员占比超过 40% 的企业贡献的。技术人员占比高固然不是企业的技术实力和技术研发能力强的直接证据，但至少说明企业对技术研发高度重视。而且，过低的技术人员占比一般无法保障企业技术水平的稳定性，除非是规模很大的企业，只有这样的企业才有足够的余裕在技术人员占比较低时保证仍有相当数量的技术人员，不然通常只能通过提高技术人员占比以确保足够的技术人员，从而使技术服务不依赖于个别技术人员的精力和水平，进而保证稳定高质的技术供应，所以大部分的数字化转型方案或服务才会由技术人员占比较高的企业提供。

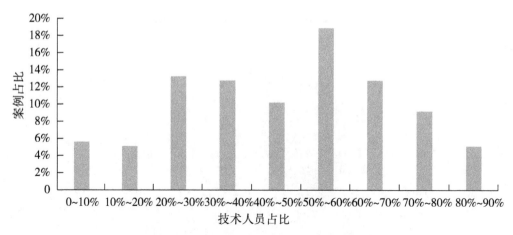

图 3.3　案例申报企业的技术人员占比分布

　　地域分布上，数字化转型方案的供应方主要还是集中在沿海和数字经济发达省份。如图 3.4 所示，北京作为中国互联网的发源地，约 34% 的数字化转型方案由北京的信息技术企业提供，其他的方案供应方则在各个省份分散分布，其中也包括中西部地区，说明相对于数字经济发达的省份而言，其他地区也可以在数字化转型中发挥积极作用，拥有较大的发展空间。信息技术企业的地域集中反映出数字经济与经济增长之间的关系，经济发展好的省份一般都有较好的信息技术产业，这是因为数字化对经济高质量发展有着十分重要的支撑作用，同时数字化转型也需要一定的经济发展水平来支持，某种意义上向其他寻求经济进一步高质量增长的省份揭示了未来需要重视的方向。

　　值得一提的是，很多新进入行业的企业表现活跃，并且成为数字化转型的主要力量。根据案例申报企业的成立时间分布（图 3.5）可知，将近 1/3 的案例是由近 10 年新成立的企业贡献的，而这些案例中将近 1/3 又是由成立不足 5 年的企业提供的。与之相对应，只有不足 40% 的案例是由成立时间超过 20 年的企业提供的。一方面，这说明信息技术产业竞争激烈，技术迭代迅速，企业很难凭借旧有经验和规模长久地保持竞争优势；另一方面，这说明数字化发展为新兴企业的存续与扩张提供了很多机会，新兴企业如果抓住了这些机会，就能够快速进化，迅速成长为能够提供成熟数字化转型方案的服务供应商。

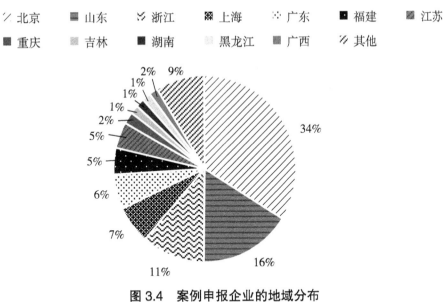

图 3.4　案例申报企业的地域分布

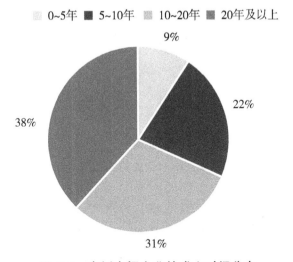

图 3.5　案例申报企业的成立时间分布

此外，通过观察案例申报企业的发展阶段分布，也可以了解企业是如何抓住数字化发展带来的机遇的。如图 3.6 所示，只有 32% 的案例是由上市企业提供的，其余案例的申报企业基本都处在不同的融资环节中，其中处在初创（含天使轮）阶段的企业提供的案例最多，占所有案例的 24%。因为成立时间在 10

年以内的企业提供的案例占比刚超过 30%，所以初创（含天使轮）企业和近 10 年新成立的企业必然存在不重合的部分。一方面，近 10 年新成立但不处在初创（含天使轮）阶段的企业的存在说明有很多初创（含天使轮）企业积极地投入了数字化转型进程，同时也有一些新兴企业很快地完成了天使轮融资，顺利地进入了之后的融资环节。另一方面，通过处在初创（含天使轮）阶段但成立时间超过 10 年的企业的存在，可以猜测有不少成立超过 10 年的企业在社会数字化转型的过程中找到了新的定位和增长点，并凭借这些创新获得了新一轮的投资，这可能也是处在 C 轮之前发展阶段的企业提供的案例会占到相当一部分比例的原因。

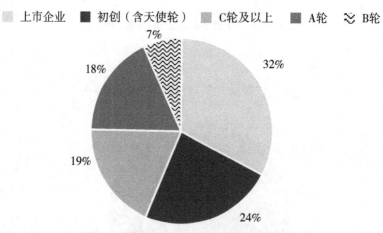

图 3.6　案例申报企业的发展阶段分布

通过分析我们还发现，中小型企业的表现十分活跃，一定程度上说明中小型科技企业已经在数字化转型发展中发挥了重要作用。一方面，25% 的数字化转型案例是由小微企业提供的，而来自头部企业的案例只占总案例的 23%。另一方面，如图 3.7 所示，30% 的案例是由雇员人数在 200 人以下的企业贡献的，雇员人数超过 5000 人的企业只贡献了大约 10% 的数字化转型案例，56% 左右的案例是由雇员人数在 1000 人以下的企业提供的，可以说中小型企业在整个数字化转型进程中处于主导地位。中小型科技企业虽然雇员人数不多，但是通常乐于去掌握应用最新的技术，对市场的态势感知更为敏感，能够灵活根据内外部环境调整自己的策略，及时地响应社会对数字化转型的新需求，迅速地积累出足够的数字化转型经验。同时，中小型企业数量众多，总是能够敏锐地发现市场中还未被开发的空白区域并加以利用，也更愿意去满足个性化和定制化需求，充分利用数字经济时代的长尾效应。特别需要说明的是，长尾效应一般是指差异化、个性化的各种零散市场，虽然每个市场的需求量不大，但累加起来总量可观，会形成一个比流行市场还大的市场，在数字经济时代，长尾效应会更加明显，流行市场的规模会进一步缩减，而个性化、差异化的需求会进一步增加。

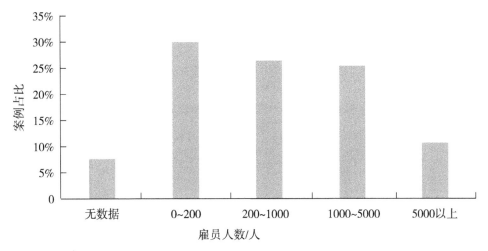

图 3.7　案例申报企业的雇员人数分布

需要强调的是，数字化转型方案的供应方虽然普遍雇员人数不多，但却具备很强的发展潜力和盈利能力。从图 3.8 中可以看出，超过 50% 的案例来自注册资本在 1 亿元以下的企业，与前面中小型企业是数字化发展主力的结论基本相符。然而，从图 3.9 中可以看出，超过 60% 的案例都是由营收规模在 1 亿元以上的企业提供的。具体来看，注册资本在 1000 万 ~ 1 亿元的企业贡献的数字化转型案例占比最多，接近 35%，但相应地却是营收规模在 1 亿 ~ 10 亿元的企业提供了最多的成功案例，接近所有案例的 30%。尽管分布情况不能说明注册资本在 1000 万 ~ 1 亿元的企业营收规模在 1 亿 ~ 10 亿元，但从分布的偏度差别可以判断，大部分数字化转型方案的供应方都具有极强的盈利能力，能够获得超过自身规模的营收，这表明数字化转型方案供应方具有很强的将科技投入转化为实际收益的能力。

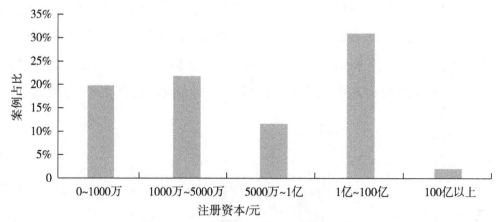

图 3.8 案例申报企业的注册资本分布

（注：13.7% 的案例来自部分没有注册资本数据的单位，包括政府机构及事业单位等，但不影响结论）

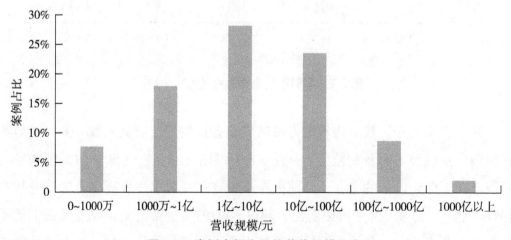

图 3.9 案例申报企业的营收规模分布

综合而言，当前中国数字化转型的主要力量是一些新兴的、发展潜力较大的中小型科技企业，这些企业一般具有较高的研发能力和技术水平，能够发现合适的市场机会，实现较高的营收，但地域分布相对集中。一方面，可能是因为产业的集聚效应有助于这些企业能够及时地掌握市场动向，了解最新的技术发展趋势；另一方面，也可能是因为集聚地的营商环境和经济发展水平对中小型企业而言更加友好。所以，具有类似特征的企业总是更有动力和能力去寻找可行的数字化转型方案。

3.2　数字化转型案例的普遍特点

为了进一步了解案例特征，我们通过词频分析找出了所有案例描述中使用频率较高的词汇，从图 3.10 可以发现，数据作为关键要素基本已经成为普遍共识，大部分案例在阐述业务时都提到了平台、服务、管理、系统、安全和技术等关键词，揭示了当下数字化转型中的主要理念，即技术作为主要手段，大多通过建立平台或者系统的方式实现数字化转型，目标则是解决服务、管理或安全问题。我们还发现，城市是其中第一个涉及具体应用场景的高频词，表明城市在数字化转型应用场景中处于相对核心的地位。

图 3.10　案例概述词云

而从案例涉及的应用方向来看，数字经济领域应用广泛，数字政府和数字社会所占比例也相对较高，一定程度上体现了当下数字化转型发展的主轴，即以数字经济为中心，统筹推进数字政府、数字社会建设。需要说明的是，基于《中共中央关于制定国民经济和社会发展第十四个五年规划和二〇三五年远景目标的建议》，我们将所有案例分为数字经济、数字政府、数字社会、数字生态、数字文化 5 个方向，在本节中，数字经济方向代表的是利用数字技术催生新产业的数字产业化，以及利用数字技术赋能传统产业从而提高全要素生产率的产业数字化，这与广义上的数字经济概念不同。广义的数字经济可以指代数字时代的所有经济活动。具体而言，如图 3.11 所示，数字经济方向的案例占所有案例的 33%，是所有方向中占比最大的。随后是数字政府和数字社会方向，这两个方向的案例分别占全部案例的 25% 和 24%。接下来是数字生态方向，只有 14% 的案例。最后是数字文化方向，其案例只占所有案例的 4%。大致可以看出，数字经济比数字政府、数字社会多出 8%、9%，而数字政府与数字社会又比数字生态多 10% 左右，数字生态也比数字文化多 10% 左右。这种递进关系，可以较为清楚地体现出当前数字化转型的方案与经验在各个方向上分布得不均衡。更进一步讲，因为数字经济方向的数字化转型经验最丰富，对数字化转型的需求最旺盛，方案供应方提供的成熟案例就会更多地集中在该领域。而数字政府与数字社会方向的市场需求与经验积累都相对弱一个档次，案例占比也就相应少一个档次。以此类推，数字生态方向的经验和需求属于更弱的档次。数字文化方向则是在各个方面都处在最低的档次上。同时，这也说明在数字文化和数字生态方向上，还有很大的空间去积累更多的经验、挖掘更多样的需求。

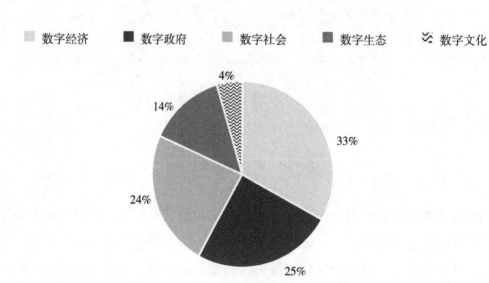

图 3.11　案例应用方向分布

除了不同方向上经验和需求的不均衡，数字化转型方案所面向的用户群体也有所偏向。具体而言，案例普遍对个人用户较为忽视。在所有案例中，约有 64% 的方案是面向政府部门的，同时约有 64% 的方案是面向企业机构的，但只有不到 17% 的方案考虑了个人用户。不少方案能够做到兼顾政府部门与企业机构，约占全部案例的 31%，但只有极少数的方案能够兼顾个人用户。例如，只有不到 10% 的案例同时面向政府部门和个人用户，约 12% 的案例同时面向企业机构和个人用户，仅有不到 8% 的案例可以同时服务政府部门、企业机构和个人用户。一方面，可能是因为当前数字化转型的需求主要还是来自政府部门和企业机构，个人用户的需求还不具备足够的规模；另一方面，也可能是因为在大多数数字化转型方案供应方面前，个人用户缺少议价能力，需求也更加个性化，具有更高的多样性，因而供应方很难也不愿意耗费太多的成本去提供对应的产品或服务，进而难以达成交易。但因为数字经济的长尾效应会越来越明显，广大个人用户的需求就会形成很大的增量空间。

即便忽视长尾效应，通过对各案例在应用中遇到的困难进行分布分析，也能发现触及更多的用户本身也是很多数字化转型方案亟须解决的问题。在所有的问题中，反映客户不足的案例约占所有案例的 50%，之后是反映缺少资金支持的案例，约占 34%，最后才是反映缺少政策支持的案例，约占 27%。尽管这 3 个问题的案例之间互有重叠，但仍然可以确定开发更多客户就是各供应方当前阶段最大的需求。事实上，案例中数字化转型方案都有对未来需求进行进一步个性化、多样化的考量，大约 88% 的案例都支持二次开发和个性化定制，还有 8% 的案例即便不支持二次开发，也会优先支持个性化定制，只有极少数（约 4%）的案例没有开放个性化定制。支持二次开发，一般是指允许用户自主地在原技术产品上进行改造，添加一些用户自定义的模块等；而支持个性化定制，则说明供应方愿意就不同用户的独特需求提供有针对性的服务。理论上来讲，后者应该更为方案供应方和用户所青睐，因为企业有了新的业务场景，并拓宽了产品销路，用户则在满足自身需求的同时，减少了对方案进行搜寻、学习和改造等的各项成本。从实际数据来看，96% 的案例支持个性化定制，而只有

90% 的案例支持二次开发，证明上述推论具有一定的信度。如果企业能够更加灵活、高效、低成本地为更多的用户提供个性化的定制服务，那么其所面对的潜在市场就会是由很多有个性化需求的用户组成的一个庞大的长尾市场。

当然，案例中数字化转型方案的成本也是用户会考虑的主要因素之一。根据图 3.12，29% 的案例方案成本在 100 万~500 万元，25% 的案例方案成本在 10 万~100 万元，还有 24% 的案例方案成本在 1000 万元以上，这 3 个区间案例分布最集中。显然，1000 万元以上的方案成本基本只有少数大企业或政府部门可以负担得起，剩余案例则主要集中在 10 万~500 万元，约占所有案例的 54%，这对于大部分的政府部门和企业机构来说都是相对合理的价位，所以政府和企业可以通过直接购买来满足相应的需求。然而，该成本对于个人用户而言依旧高昂，这也能部分解释为何多数企业不将个人用户纳入目标客群。与此同时，多数案例的方案成本都处于企业和政府可以接受的水平上，说明这些方案都是相对比较成熟的，都是经过了市场认可的技术应用，其经验和思路非常值得总结与推广。

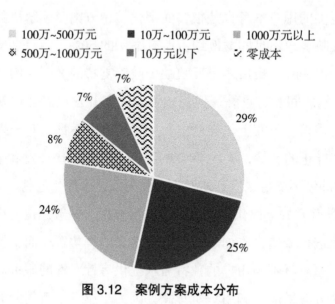

图 3.12　案例方案成本分布

整体来看，中国数字化转型方案在城市场景中的有关产业、政府和社会公共服务领域有较多的经验积累，而在其他方向还有很大的探索空间。同时，数字化转型进程中的主要任务可能会是触及或发现更多的用户，因而个性化定制服务应作为数字化转型方案中的核心内容，结合市场发展的趋势，未来可能会成为主要的竞争力来源，以在越来越庞大的长尾市场中开发更多的客户、获得更大的增长空间。

第 4 章　2022 年中国数字化转型的经验启示

2022 年所征集到的案例涉及的应用场景广泛多样，主要针对满足社会上存在的普遍需求。通过对相应场景、需求和模式的总结梳理，能够对中国数字化转型发展的主流思路有一个较为清晰的了解。

本章主要利用扎根理论的编码技术，对案例资料进行文本分析。扎根理论是由两位社会学者巴尔尼·格拉斯（Barrney Glaser）和安塞姆·斯特劳斯（Anselm Strauss）在 1967 年首先提出的，其中的核心理念是在对经验资料的分析基础上建立理论，主要的方法是通过对资料中的概念逐级编码登录，将属于同一范畴的概念逐步归类，最终集中到核心类属上，完成理论框架的搭建。本研究将所筛选的案例的详情描述进行编码，并从场景、需求及解决思路 3 个方向将编码进一步归类，初步整理出数字化转型的主要经验。

4.1　数字化应用场景的多样性

数字化应用场景是数字化转型过程中的重要观察目标。通常来讲，应用场景是指服务和产品在被使用时，用户最有可能处在的场景，在数字化转型中，因为涉及的场景众多，一般会将应用场景归入几个比较大的类别中，如智慧城市、智慧医疗等。2021 年 3 月 11 日通过的《中华人民共和国国民经济和社会发展第十四个五年规划和 2035 年远景目标纲要》（简称"十四五"规划）中明确，要部署实施数字化应用场景工程，此后多个省份积极跟进数字化应用场景建设，并发布了场景清单。本研究综合各省份分类，对案例征集活动中筛选出的 197 个案例进行场景归类。

　　细致的数字化应用场景分布可以通过图 4.1 了解。数字化应用场景大致被分为数字治理、智慧城市、智慧政务、智慧商贸物流、智慧文旅、公共服务、智能制造、智慧生态、智能交通、数字农业、智慧金融、智慧能源、智慧法务、智慧传媒、智慧家居和智慧矿山 16 种。其中，数字治理可以细分为智慧应急、智慧安防、智慧监管、智慧园区及整体解决方案；智慧城市可以细分为智慧社区、智慧城管、智能建造及整体解决方案；公共服务可以细分为智慧医疗、智慧教育、智慧养老；而智慧生态可以细分为智慧环保和智慧水利。可以看出涉及数字治理和智慧城市场景的案例较多，占比都超过了 25%，智慧政务、智慧商贸物流、智慧文旅和公共服务场景的占比则在 15% 左右，涉及智能制造场景的案例占比超过 10%，其余的场景基本都有 5% 左右的案例涉及，说明案例涉及的应用场景十分广泛，在各个领域都有分布。

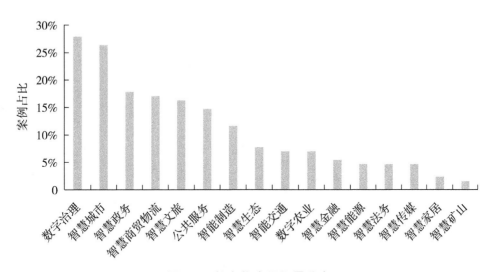

图 4.1　数字化应用场景分布

　　应用场景的多样性还体现在诸多针对性较高的细分场景上。首先在考虑数字化转型方案的供应方多为中小微企业的前提下，数字治理和智慧城市这两个大应用场景的高热度说明这两个领域有很大的开发更多细分场景的潜力。涉及数字治理场景的应用通常都是与安全管理及互联网基础设施有关的服务。除了一些整体解决方案之外，智慧安防主要涉及一些数据安全、网络安全及安保预警等相关场景，智慧监管则主要涉及行业、城市、社区等领域的监管和监测场景，智慧应急一般是指应急管理系统，而智慧园区就主要涉及园区平台管理等很有针对性的场景。

数字治理的主要应用都集中在智慧监管场景，约占数字治理场景的70%（图4.2）。可以看出，数字治理的细分场景互相之间有一定的联系，也有所区别。例如，智慧安防场景中所需要的应用方案与智慧监管场景中所需要的应用方案可能会有比较高的相似性，但主要目标是不同的，前者更多涉及安全方面。以联通青岛分公司负责的胶州5G智慧安防社区为例，其虽然也涉及社区监管，但主要还是针对安全管理，保证社区人员财产的安全。

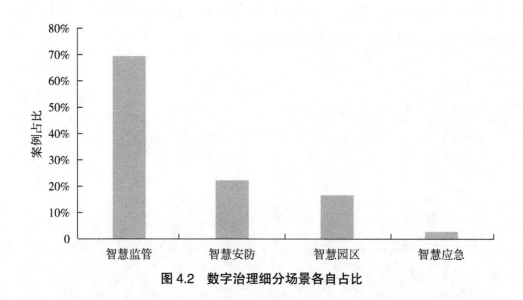

图 4.2　数字治理细分场景各自占比

智慧园区则是一个相对综合的，但又特定针对智慧园区建设的场景。例如，湖南云畅网络科技有限公司开发的万应智谷云平台就是针对智慧产业园区建设中涉及的各类软硬件问题所提出的整体解决方案。智慧应急则是从其他场景中独立出来的针对突发情况即时反应的场景。典型代表为太极股份有限公司为河北省开发的应急管理信息化综合应用平台，这个平台能覆盖突发事件应急处置事前、事中、事后的全过程业务。

智慧城市方面也表现出类似的特点，有一些是针对整个城市管理和治理的整体解决方案。例如，杭州数空科技有限公司的德清渣土"一件事"数字化服务管理系统从渣土资源利用处理入手，主要涉及无废城市建设、精细化管理方案等。而其他的场景则是针对具体职能的。智慧社区聚焦在社区管理和社区服务等场景，如江苏广电有线信息网络股份有限公司苏州分公司打造的基于广电网络的智慧小区一体化建设平台。智慧城管主要涉及社会治理及管理防控等场景，典型代表有枣庄市委政法委员会推出的"枣治理·一网办"方案，其主要是针对市域社会治理的资源整合与智慧联动。智能建造主要涵盖城市建设施工等一系列应用场景。例如，优服科技的"小生态，大数据"数智楼宇防疫、经营、双碳运维系统就是面向房地产行业的数字化升级。

如图 4.3 所示，整体上智慧城市的应用主要集中在智慧社区和智慧城管两个场景里，均约占智慧城市场景的 50%。据此大致可以看出，数字化应用场景主要还是集中在一些相对成熟或者传统的领域，如监管、城市管理或社区管理，这些领域基本都是社会持续关注的领域，公众对其有长期改善的要求，因而会率先产生较强的数字化转型需求，吸引数字产业在这些领域不断投入，但随着数字化转型的深入，数字化应用会逐步从这些传统领域分离出一些注意力，投入更专业、更细致的领域去深耕。

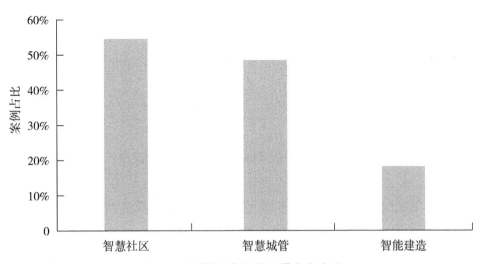

图 4.3　智慧城市细分场景各自占比

同样类型的场景细分也在智慧生态场景中体现，其中应用最多的是智慧环保场景，如福建铁塔海漂垃圾智能监管服务项目及南湖实验室的黑臭水体遥感智能检测分析平台等。但同时也特化出智慧水利的场景。例如，优服为德阳思远重工提供的数字化转型方案中就涉及水力发电的场景；山东开创云计算有限公司在内蒙古承担的大黑河灌区续建配套与节水改造项目则涉及灌溉；埃睿迪信息技术（北京）有限公司开发的水务大脑则主要面向水务管理，这些都是相对专业的应用。

此外，场景细分也与公众关注的优先级有关。例如，在公共服务场景，涉及智慧医疗的应用最多，随后是智慧教育，最后是智慧养老（图 4.4）。智慧医疗、智慧教育、智慧养老的应用数量都是随着受益人规模的减小而减少的。这种相对细致的场景划分一方面说明有相关的供应方针对这些场景迭代提供具有针对性的应用；另一方面也说明现有的场景划分方式越来越难以准确描述数字化转型实践中不断被开发出来的新应用方向。

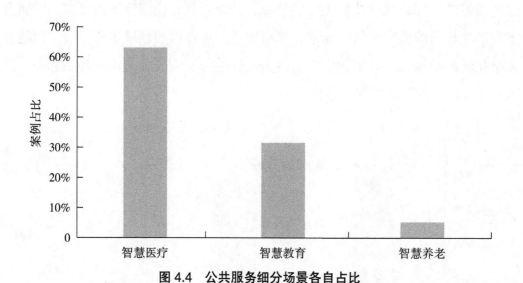

图 4.4　公共服务细分场景各自占比

其他应用场景虽然没有进一步细分，但各自本身涵盖的内容也相当丰富。智慧政务更多地偏向于政府办公与政务服务，虽有部分内容和智慧城市存在重叠，但具有一定的独特性。例如，腾讯云计算支持的江苏省人社一体化信息平台面向劳动社保，北卡科技有限公司提供的政务安全通信与移动办公解决方案针对政务通信，联通威海分公司承担的乳山市社会信用管理平台项目指向信用体系建设等，这些均是专业性、特殊性较强的领域。

　　智慧商贸物流则是几乎包括所有类型的交易系统、订单管理和物流管理的混合场景，其本身各应用方向都相互有较大区别，并且很难进行归类。例如，西部国家版权交易中心有限责任公司申报的丝路版权网案例中包含国际版权贸易的场景；重庆云江工业互联网有限公司申报的智慧产业链平台应用集则涉及采购及订单管理、供应链和物流稳定等场景。类似的情况在智慧文旅场景中也有表现。智慧文旅包括科普、数字藏品、文物保护等文化旅游的多种应用方向，如乐元素的"互联网＋公益科普"应用、上海易校信息科技有限公司推出的鲸探数字藏品、腾讯主持的用于保护北京中轴线的数字中轴项目。这些应用方向基本上都具备独自成为一个细分场景的潜力。

　　其余场景则是相对比较特殊、比较独立的。智能制造基本上涵盖了大部分制造业中的数字化应用。例如，吉利控股的数据安全治理服务项目囊括大部分汽车制造业务；中通服网络信息技术有限公司建立的安全生产风险监测预警系统则针对生产风险的监测预警。智能交通涵盖交通运输相关应用，如车巴达（苏州）网络科技有限公司的全域交通数字化服务平台。数字农业则主要和农业生产管理经营相关，如北京小龙潜行科技有限公司的生猪智能养殖系统。智慧金融则涉及金融服务业。例如，蚂蚁的 eKYC 在线核身技术就涉及金融服务的身份验证场景。智慧能源主要涉及能源系统和配套的物联网服务，如天翼云科技有限公司开发的能源工业互联网平台。智慧法务主要涉及法院，如厦门能见易判信息科技有限公司的易判智慧执行辅助系统。智慧传媒则涉及媒体行业，如央视网 AIGC 平台。智慧家居多涉及家电领域。例如，360 企业安全云就有在家电连锁企业的应用。而智慧矿山就是只关注矿场矿山的场景，如龙采科技集团有限责任公司的智慧矿山方案。

　　以上的情况表明，数字化应用场景的逐渐多样化是一个大趋势，很多相对独特的个性化需求都慢慢被发掘出来，变成新的场景，在传统社会关注范围的基础上，不断拓展数字化转型的边缘与内涵，这也是数字化转型能够不断创造增量空间的原因。

与各省份场景清单的情况不同，案例征集活动中的案例经常同时涉及多个场景，表现出了对不同场景一定程度的兼容性，说明优秀的数字化应用既要对目标场景有足够的特化能力，也要能够针对不同的场景进行灵活的模块配置，或者说应用的基础模块需拥有相当的通用性。这就要求方案供应方能够了解不同场景的数字化应用应该具有的共性需求，同时能够调动足够的资源迅速地针对某一特定场景对数字化应用进行迭代，这对方案供应方的经验和技术能力提出了比较高的要求。

随着场景越来越复杂多样，数字化转型方案则越来越不可能只面向单一场景。为了应对这样的趋势，可能性较高的情况是，方案供应方要么与更多的单位进行合作，或者在服务上保留较大的与其他服务供应商合作的空间，要么加强多场景兼容的能力，从而更好地服务数字化转型的需求方。换个角度来讲，数字化应用涉及多个场景的现象也可以认为是多个场景在互相融合，慢慢地也会融合成新的场景，这就让数字化应用场景变得更加复杂。一方面，不断有新场景出现；另一方面，这些场景之间又会互相融合再产生新场景，使得应用场景一直保持在一个动态增长的过程中。

数字化转型进程中场景融合的增加并不是一个偶然现象，而是数字经济本身的特性和数字化转型的内在要求决定的。因为数字化转型过程中伴随着越来越多的数据生成和数据流通，转型前互相独立甚至隔离的应用场景之间，在数字化应用的支撑下，能够相互连通，传递数据，自然而然伴随着的就是新的需求和新的数据生成，催生出面向这些新数据、新需求的应用。所以，数据打破信息孤岛在多个场景之间传递流通的过程，就会表现为多场景融合成为新场景的过程，而这个过程并不是阶段性的，只要保持数据流通，甚至不断加强，新的场景就会和其他场景继续产生互动融合，进而演化出更新的场景，场景数量理论上可以无限增长。

综上所述，数字化应用场景随着数字化转型的逐渐深入，会不断有新的分支产生并成为区别于其他枝干的新场景，使得数字化应用越来越能够满足多样的个性化需求，渗透到社会的各个角落。同时，由于数据要素在数字化转型进程中自由流动能力逐渐增强，不同场景之间将不再互相孤立，而是变得互相联通、互相融合，并持续融合成新的场景。这种不断分歧又持续融合的过程，将会促使数字化应用场景时刻处在动态变化的演进历程中。为了应对这样的趋势，数字化转型方案的供应方需灵活针对不同的场景调整业务，提供长期可靠的服务。

4.2　数字化应用解决的社会需求

在数字化进程中，数字化的需求一定来源于现实中存在的一些问题，这些问题可能是现实中存在的一些困境，也可能是之前数字化方案的一些不足，此外数字化的需求的产生还有可能是因为通过数字化转型可以获得相当的竞争优势。没有这些问题和需求的话，数字化应用就无法根据反馈有针对性地进行迭代优化，也无法评估方案的有效性。

粗略地来看，数字化转型的问题主要分为 3 个过程：一是从人工或者搁置状态走向数字化的过程；二是从数字化走向智能化的过程；三是针对数字化、智能化进程的规则设置过程。由于国内数字化发展的不均衡、不充分，同时广泛存在不同阶段的需求，此外技术进步催生了很多新的多样化场景，总体上的表现是问题复杂、需求多样、相互交织，经常出现 3 个过程的问题同时需要解决的情况，需要方案供应方一次性解决电子化、数字化、智能化问题，并建立数据治理系统全套流程等。就实践而言，数字化转型方案会优先围绕目前最核心、最迫切的需求展开，所形成的经验对有数字化需求的组织有很高的参考价值。

通过对征集案例的分析，基本可以发现当前数字化应用主要面临的问题及需要解决的需求。本研究基于案例详情的文本，将案例尝试解决的问题进行了归纳分类，并总结了阻碍数字化转型的主要门槛。

4.2.1 完善数据应用基础

尽管数字化转型需要解决的问题都相对复杂，但问题之间还是会具有很高的共性。数据作为数字经济的关键要素，无疑是数字化转型进程中的核心。和数据有关的问题通常是最需要被关注和解决的，围绕数据的问题也应是数字化转型进程中种类最多的，尤其是当各行各业都在不停地产生大量数据的时候。可以作为印证的是，涉及数据问题的数字化转型案例占所有案例的 57%，其中还可以进一步细分到数据孤岛、实时数据、数据采集等问题类型（图 4.5）。从根本上而言，不清楚地解决跟数据有关的问题，数字化转型就不可能持续，未来必然会因数据应用的限制而夭折。

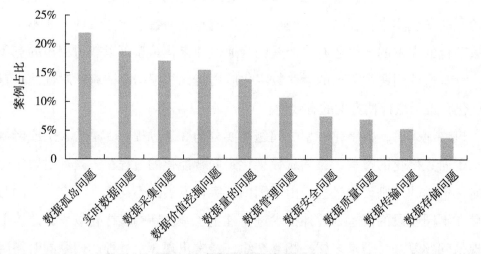

图 4.5 数据问题的类型分布

数据问题中较多被提到的需要数字化转型方案去解决的就是数据孤岛问题。数据孤岛在不同的领域有不同的表现，但主要是由于数据资源的权属不易确认、数据的采集格式管理规则混乱不统一，数据所有者不愿意、不敢于也没能力开放共享，进而数据就没法流动，只能保留在各单位内部，形成数据孤岛。数据孤岛可以是部门之间的孤岛、经营单元之间的孤岛，也可以是不同系统甚至不同设备之间的孤岛。这里面有些是因为地理分散，有些是因为规则标准不同，有些是因为数据不开放，也有些是因为数据开放会有安全隐患，还有些是因为在数据采集阶段就各行其是没能统一等。

　　数据孤岛的主要危害就在于数据没法流通，从而难以与不同的数据聚合以挖掘更多的价值，甚至大部分时候，数据的价值在数据孤岛中是完全被浪费的，低效的数据利用也会拉低整个业务流程的效率，并且让企业或政府负担越来越多的成本，数字化的生产经营管理更是无从说起。这是数字化转型进程中迈向智能化所面临的最普遍问题，因为智能化就意味着要最大化数据资源的价值，从数据中提取出更多、更复杂的信息。所以，需要不同类型、不同来源的数据集中到某个或某些分析节点上，从而对多种数据进行充分分析。这就要求不同数据存储、分析单元之间的数据流通必须通畅，如此才能汇聚多来源的数据，将不同分析节点的分析结果传递到需求端。很多案例解决这个问题的思路都是对整个数据网络进行一体化整合，相当于为所有的数据存储单元修建统一标准的道路，并且对数据资源的权属进行初步认定，以此来打破数据孤岛，实现数据互通。例如，天翼企业云盘在上海浦东教育局数字校园项目上的应用就是通过统一的数字化管理平台（图 4.6），完成了分散教育资源的整合，推动了数字化教育的实现。

图 4.6　上海浦东教育局数字校园系统架构

　　除了数据孤岛以外，最容易让人注意到的就是有关实时数据的问题。有很多场景都对即时性、实时性有很高的要求，然而信息无法做到实时更新是多数旧信息平台的问题，所以一直以来，获取实时数据便是不少数字化应用的主要目标，包括但不限于在监测监控、安防预警、应急预测等场景的探索。实时数据问题本身不仅是一个数据传输效率的问题，固然5G在其中通常起到至关重要的作用，但实时数据的采集计算也是制约数据实时性的重要因素。例如，天津维诺智创大数据科技有限公司的"大数据＋智能医疗"服务平台就十分注重对放疗设备运行数据的实时收集、处理。所以，实时数据问题是一个综合性的问题，重点在于对实时性的关注。

实时性是最能体现效率的一个指标，过长的延时可能会造成比较大的经济甚至生命的损失，在很多领域，缺乏实时数据支持的生产经营管理业务不得不面临遭受未预期损失的风险，并用各种预案或保险措施来减少预期的损失。尤其在某些对实时性要求很高的场景中，实时数据能够保证数据的价值不会被浪费，也能够被及时发现并进行分析预测。例如，蒙牛开发的以消费者为中心的双数据中台就可以对产品的全链路销售精准控制，及时掌握经销商变化，最大化销售收入。有关这个问题的解决思路通常集中在针对监控数据的处理上。一方面，硬件上加强实时数据收集和传输能力；另一方面，算法上加强实时数据快速处理能力。例如，曙光云计算集团有限公司的数控设备智联化运营管理平台通过强大的设备接入能力，将不同设备进行整合并统一分析，实现了设备数据实时采集与在线控制。

还有一个基础问题就是数据采集问题。由于采集设备的缺乏、管理混乱、结构复杂等原因，很多数据的采集收集很难展开，而缺少足够的数据就会对之后的分析与决策造成阻碍，管理层没法掌握相关业务或者对象的真实情况，也就没法有针对性地选择合适的措施。在智慧足迹数据科技有限公司申报的智慧足迹就业大数据平台案例中提到，灵活就业难以统计对就业服务的提供造成了极大的阻碍。数据采集是数据要素参与经济活动的前提与基础，是数据生成的过程，只有将相关的信息通过采集过程变为电子化的数据，数字化的生产管理经营才可以继续实现。特别需要说明的是，数据采集问题主要侧重于采集设备不足或缺少电子化的标准、方法所导致的数据生成不足问题，不考虑时效性等因素。例如，威海临港经济技术开发区大气环境综合管控项目中提到，大多数中小型企业未安装监控设施，因而无法采集大气数据。

数据采集不足对管理的影响是最显著的，除了数据不完善容易使决策者做出错误的判断、采用不适合的方案造成损失之外，也会让企业或者管理范围内产生很多难以察觉的隐患并逐渐积累。当然关于数据本身的问题，解决思路都很类似，不管是增设传感器摄像头，还是开发新的数据采集设备，都是希望从硬件上去提高数据的采集效率和采集精度，降低数据采集的成本。例如，中国搜索信息科技股份有限公司研制的多模态机器狗就能搭载多种采集设备，在较为复杂的复合场景中完成数据采集。而通过改变统计方式、重构管理系统，以前没法统计的信息变得可以统计，某种意义上也是从软件或算法的角度降低整个数据采集的难度。例如，华为 HMS Core 手语服务就利用动作和表情生成的方案（图 4.7），完成了高精度手语数据的充分采集，有效地弥补了高质量手语语料的不足。

图 4.7　华为 HMS Core 手语服务

不管是实时数据，还是难以采集到的数据，都面临数据价值挖掘问题。价值挖掘可以理解成对数据的分析应用，从不同的数据中提取出能够推动发展、支持决策的信息等，牵扯到的方面相对复杂，包括数据的开放共享、关联分析、数据与业务的结合、利用数据进行训练建模预测等，关系到的是数据的利用和价值释放。例如，杭州数跑科技有限公司提供的汽车行业数字化营销解决方案就需要考虑如何动态分析数据中显现的消费去向和特征。

此外，数据管理问题也是数字化应用中不可忽视的问题。数据管理同样涉及数据使用，但与价值挖掘不同的是，数据管理更关注数据使用或访问的权限是否明确、数据存放或流向是否混乱、冗杂数据是否被及时清理、数据使用的效率是否足够高。例如，重庆千港安全技术有限公司的智慧药房方案就针对门店 ERP 与仓储数据混乱的情况做了优化。从这个意义上来讲，数据管理更多是关注数据使用是否造成了资源浪费，不管是计算资源的浪费，还是生产中的能源物质和劳动资源的浪费，都是数据管理的考虑问题。

另外，数据管理问题通常还涉及合规和安全的问题，重点是需要去规避可能的法律风险及价值外流（如数据泄露）风险。例如，曙光云的数控设备智联化运营管理平台也有志于解决权责追溯相关的问题。当然，数据安全本身就是一个单独的重要议题，尤其是现在随着数据量越来越大，数据来源越来越丰富，社会对隐私的关注度空前高涨，隐私相关的安全担忧就成了数字化应用供应方必须考虑的问题。隐私和涉密信息的安全一般情况下受到两个方面的挑战：一个是直接泄露导致的，可能是由于网络攻击、误操作、加密不到位或者过于落后、管理缺位等；另一个是利用大数据等分析技术间接获取相关信息导致的。例如，北卡科技有限公司申报的政务安全通信与移动解决方案中提到，政务数据容易在大数据分析中泄露，这对政务通信形成了威胁。其他跟数据安全有关的还有数据被篡改、数据丢失、数据滥用等问题。针对数据管理和数据安全相关问题，多数案例是在数据管理系统和加密技术上下功夫。

数据从生成到应用管理之所以有诸多问题和需求，一个很重要的原因就是数字化转型进程中数据量的爆炸式增长，这使得数据处理的复杂程度几乎成几何倍数提升。同三六零安全科技股份有限公司的数字政府云上安全解决方案的关注点类似，有不少案例关注系统运行的安全问题。发展规模的扩大对系统安全运行的依赖度越来越高是必然现象，但之所以成为问题，是因为随着数据越来越复杂、数据量越来越大，安全威胁监测感知与应急处置能力不足。

数据量爆炸式增长所带来的复杂性提升主要体现在：数据结构越来越复杂；数据种类越来越庞杂；有大量的历史数据存留，挤占存储空间的同时又难以利用；海量非结构化的数据需要标识处理；旧数据分析框架无法利用新数据；硬件条件无法支撑大规模数据的存储、运输、计算等。在当前迫切需求的推动下，主流的方案会利用大数据、人工智能和云计算等技术，实现对非结构化数据等复杂数据的识别与整合，应用新的算法提高计算速度等。例如，福建省星云大数据应用服务有限公司基于知识图谱打造 AI 医疗应用，以处理标准不统一的医疗数据，同时也会配合搭建新的硬件平台以实现更好的效果（图 4.8）。

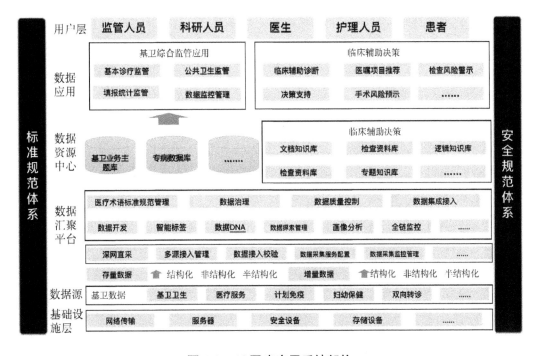

图 4.8　AI 医疗应用系统架构

当然，还有数据质量不高的问题，如数据精准度低、稳定性低、存在大量虚假信息、陈旧信息未被识别剔除等。例如，浙江大搜车软件技术有限公司的汽车交易协作平台里就存在针对虚假交易信息的解决方案。也有数据传输不通畅的问题，如缺少连接渠道、传输方式不稳定、数据转移耗时长等。例如，飞算数智科技（深圳）有限公司就有计划利用自研 SoData 数据机器人，解决医疗行业中数据转移耗时过长的问题。数据存储能力弱的问题也存在，如存储空间小、数据保存分散、存储成本增长过快、存储空间浪费等。例如，网易（杭州）网络有限公司申报的数据治理 360 案例中就提到过计算和存储成本增长迅速与部门预算有限之间的尖锐矛盾。所有这些跟数据有关的问题都是数字化转型进程中实际遇到并试图解决的问题，针对这些问题的思考和解决方案会持续改善数据参与经济活动的方式与效果，从而推动实现数字化转型。

4.2.2 克服现实困境

数字化转型的一个核心目标就是解决现实中没有数字化手段时存在的一些问题，如非标和复杂场景识别、沟通与信息不对称等困扰现实生产生活的长期问题（图 4.9）。

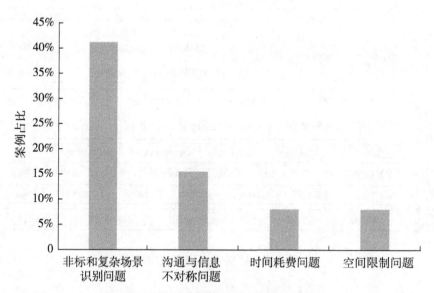

图 4.9 现实困境问题的类型分布

非标准化场景识别及复杂场景识别的问题是现实数字化过程中最主要的困境，以解决该问题作为数字化转型方案核心卖点的案例约占所有案例的 41%，比例相对较高。非标准化或者复杂场景识别之所以会成为问题，主要原因是之前的数字技术和算法无法支撑相应的数字化需求。由于现实场景的复杂性、多样性及随机性，过去只能对部分可以标准化处理的场景进行电子化。此外，更大规模非标准的复杂情形均需要大量的人工有针对性地做应对，效率的上限受到极大制约的同时，也充满了不确定性，一个是场景随机无法预料的不确定性，一个则是人工应对不够稳定的不确定性。如果沿用以前的思路继续对未被数字化的场景进行分类及标准化，一则会花费大量的时间，二则会消耗太多的资源，相比于所获得的收益而言，大多数时候这并不是一个可行的方案。

当前征集到的不少数字发展案例，如科大讯飞股份有限公司的讯飞知道智能校对系统，则借助大数据和人工智能，通过对标记数据的充分训练，自动对这些非标场景进行标准化并打上相应的标签，实现了对非标场景的识别，进而完成了大多数真实场景的数字化，提高了应对速度，提升了工作效率。同时，随着数字化发展，复杂场景的数量种类极大爆发，人类处理能力难以负担，对速度精度及疲劳敏感的工作就越有数字化替代人工的需求，需要将人从重复的工作中解放出来。例如，重庆云江工业互联网在工业视觉案例集中提到的检验产品表面缺陷，对人类视觉而言就是十分艰巨的任务。也有一些方案仍旧采取传统电子化方式，对更多的场景进行人为的标准化设置，但由于当前时代具有更大的存储空间、更快的运行效率，所以以前不能够进行标准化的非标场景变得可以标准化了。例如，北京智网易联科技有限公司提供的市域社会治理现代化建设解决方案就是通过加强采集体系建设、完善补充基础数据库的方式实现数字化目标的（图 4.10）。

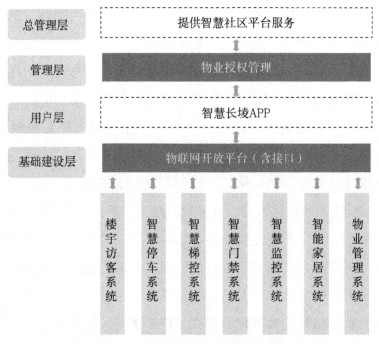

图 4.10　市域社会治理平台架构

各类场景背后的逻辑都有共通之处。以前由于算法和技术的限制，无法电子化的，只能人工应对，使得数字化不完全或者完全没有电子化，整体效率的瓶颈在于没能完全替代人工，这个问题现在则可以利用新技术、新算法有效解决。因而，对该问题的解决就会是多数案例的优先考虑，如山西易通智能科技有限公司针对垃圾分类开发的垃圾 AI 识别方案。一定程度上，非标和复杂场景识别问题的解决思路相对较清晰，共识也比较高。除此以外，此类问题非常高的数字化转型案例占比（41%）也反映了我国数字化发展的不均衡，有很多应用场景都处在数字化不完全的状态上。

沟通与信息不对称问题是数字化应用的另一个主要困境。同样是现实场景中，信息不对称，加上诸如信息闭塞、沟通不畅等问题，经常造成交易成本过高、发展不均衡等后果。信息不对称的来源和形式可以是多种多样的。首先，如果交易价格不透明，交易双方尤其是买方就无法依据价格去判断交易是否公平。同理，供需双方的信息不透明，会让供需双方总存在一些信息是只有自己知道的，有些信息的获取只能依靠猜测，想要达到供需双方均满意的均衡点就会变得很困难。其次，地域差异或不同部门行业之间的差异，会使得各个信息单元之间必然存在独特的信息，于是不同地区或者部门行业之间总会存在一些信息差。例如，浙江大搜车软件技术有限公司的汽车交易协作平台案例中就提到跨区域溢价的存在，这就给利用信息差来牟利甚至牟取不正当的利益提供了窗口。最后，时差也会导致信息不对称，可以代表时间上的不对称，总结起来就是不同人获取信息的先后会有差别。例如，珲春市人民法院在打造"下一代超融合法庭"案例中提到涉外当事人存在时差，严重影响了案件审理对各方的公平公正。

不管是空间上的信息不对称，还是时间上的信息不对称，通常情况下都可以通过有效的沟通去消除，但现实中，沟通本身也是问题。沟通不畅可以是因为缺少沟通渠道，信息传输缺少对接方。例如，湖南云畅网络科技有限公司在开发万应智谷云平台时就注意到，园区相关企业存在无法接受或不能及时响应优惠政策的情况，说明缺乏有效的沟通渠道。也可以是因为缺少高效沟通传播的能力或技术。例如，天翼数字生活科技有限公司的中国电信数字乡村案例中，村镇场景下需要用广播进行宣传通知，因为缺少广播，通知只能利用人力挨家挨户地落实，效率降低的同时还可能耽误重要事项。还可以是因为沟通传播的成本过大，在这种情形下，大家即便可以实现高效沟通，但因成本过高，相较于高效沟通所带来的收益，也选择拒绝沟通。为了解决这些问题，案例的多数方案重点在于提供顺畅的沟通上，通常是通过建立信息交互平台，促使沟通传播能够低成本地高效展开，如联动优势科技有限公司推出的 5G 智能融合消息平台。

数字化应用还有两个明显需要克服的现实困境，一个是时间耗费问题，另一个就是空间限制问题。很多业务的传统流程都很长，同时物质信息能量流通的效率也很低，需要很长时间才能完成资源配置，重庆爱永星辰标准医药服务有限公司开发的识现——药械上市后综合服务电子商务系统——所面对的一个核心需求就是解决药械公司与服务商之间达成合作的业务通常流程长、纸质资料邮寄耗时费力、时间冗长的问题。此外，还有很多业务环节众多、审批流程复杂，浪费了大量的时间，多数情况下相关方都只能等待相应资源到位再展开工作。例如，上海易校信息科技有限公司在华润医药案例中，需面对最多可达20级审批的流程提供解决方案。数字化转型的目的之一就是减少这种不必要的等待，节省时间，提高效率。

很多活动都牵涉跨地域作业，但不管是物资还是人员，在空间中移动都需要时间，有些情况工作甚至会因为地域分散而停滞无法展开。另外，空间上的不均衡也是区域发展不平衡、不充分的主要诱因之一。对于这两个问题，解决的思路一个是从时间的角度，加快流通速度，减少时间耗费，如识现系统中的电子审批。另一个是从空间的角度，开发远程作业的能力，如视频会议、远程办公、远程文档共享等。

4.2.3 优化市场发挥作用

数字化转型还会考虑解决市场中的一些传统关切问题，包括供需匹配问题、市场竞争问题、多方协同问题，以及生产经营管理问题（图4.11）。

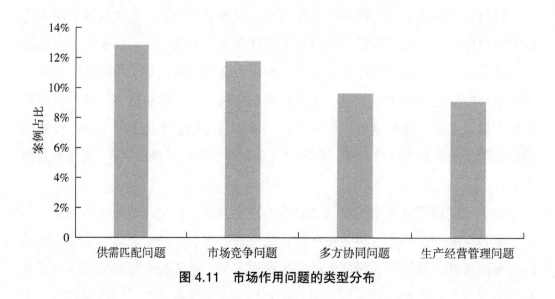

图 4.11 市场作用问题的类型分布

供需匹配问题在任何时期都是市场参与者最关注的，因为不管是产品还是服务，质量再好、价格再低，如果没有匹配到对其有需求的顾客，也是无法达成交易、实现价值的，还会造成资源的浪费、库存积压，供给和需求双方的效用都无法获得满足。

在数字化转型进程中，供需匹配问题就更加突显。一方面是因为生产力的提高使得产品和服务的数量与种类都有了相当的提升；另一方面则是因为需求也在变得越来越多样化。同时，供需匹配涉及的范围也随之多样化，如德清渣土"一件事"数字化服务管理系统主要解决的对环境保护的要求和环境保护的处理方案供给不平衡、不匹配，联通菏泽分公司承担的菏泽市益农信息社信息进村入户建设项目试图解决的新闻信息需求和推送的不匹配，智慧足迹就业大数据平台尝试解决的就业需求和就业服务的不匹配，联通临沂分公司承担的基于 5G 的人工智能美育项目所涉及的教育需求和教育资源的不匹配，以及其他产品服务供需不匹配等。

市场竞争问题则主要关注如何提高目标企业或者实施数字化转型的组织的市场竞争力。要提高市场竞争力，自然是因为市场竞争力在衰弱，或者其他市场参与方的市场竞争力在增强。一个典型的场景就是传统产业面临的来自数字产业跨域经营的压力，互联网多媒体平台进入某些传统产业的市场之后，表现出很强的竞争力，使得传统产业流失了大量客户，于是这些传统产业中的企业不得不想办法进行数字化转型以求自救。例如，广东省广播电视网络股份有限公司支持的珠海文化广电旅游体育局"漫游珠海"宣传平台项目就有应对互联网多媒体平台挑战的考量。

也有可能是因为当前的市场太小或者已经饱和，市场内部所有的参与者都面临着激烈但又无助于生产力提升的无序竞争，亟须开拓新的市场。还有种可能就是市场中存在具有垄断地位的参与者，已经挤占了绝大多数同行的生存空间，其他企业或组织需要找到新市场、开辟新赛道来抗衡。所以，市场竞争力相对较弱的原因一般包括：提供的产品和服务与其他参与方同质化太严重导致市场不足，以及企业组织运营效率相对低导致相较于竞争对手的大范围落后等。数字化应用可以为产品和服务赋能，更可以为企业本身赋能，从而获得在竞争中存活下来的能力。例如，云南腾云信息产业有限公司开发的"一部手机游云南"应用就是针对同质化文旅产品供应过剩的解决方案。

如果把市场看作资源配置活动的平台，那么这个平台的各参与方就会存在多方协同的问题，尤其在考虑了治理因素以后。在资源配置的过程中，不管是商品与服务的配置、资本与劳动的配置，还是政治资源与监管的配置，都不是一个参与方、一个部门就能够单独解决的。然而，实际情况则是各领域单独管理，联动机制相当不健全，各领域各部门还存在多个孤岛、多头治理、多个中心的问题，解决这些问题也是枣庄市大数据中心推出枣庄市"无证明城市"建设创新实践的原因。伴随着资源分布不均衡与碎片化、资源财富分配不均，多部门之间的高效协同十分困难，也难以设置跨边界的管理职能和跨系统的结算。例如，京东科技控股股份有限公司在宿迁新型智慧城市项目中便遇到类似问题。同时，各种资源也缺少统一的接入口进行整合，难以有效地发挥资源配置的作用。因此，数字化应用可以通过建立跨域的沟通协调机制，提高市场配置资源的效率，如天翼数字生活科技有限公司的小翼管家 APP（图 4.12）。

图 4.12　小翼管家的服务场景

当然市场的主要参与方还是企业，所以数字化的生产经营管理将会是数字化应用的主攻方向之一。生产经营管理在此主要影响的是企业的盈利效率。越来越复杂的企业结构与业务流程会不断地增加管理成本，侵蚀企业的盈利，传统营销与招商的效果越来越差也会让企业盈利能力变弱，这都迫使企业去主动拥抱进一步的数字化转型。首先，精细化运营是进一步数字化的普遍需求，这就要求企业内部的各个流程、各个部门都实现信息化管理。例如，杭州康晟健康管理咨询有限公司开发的药店 SaaS 智能问诊系统，基于微服务架构将药店的处方管理、零售、营销等环节进行了信息化改造。其次，数字化经营则要求企业以消费者的需求为导向，及时根据市场需求的变动调整生产，这就要求企业的经营信息能够直接和企业的生产信息对接，形成高效的供需匹配，实现高效盈利。例如，南京星蝠科技有限公司提供的联络型 CRM 便可以将客户与企业有效联系起来，实现业务对接。再如，开创云的尚云一站式营销管理平台凝结了服务 20 万家企业的营销经验及专业能力，以测评、策略、引流、运营、管理、裂变为主线，通过 AI 测评系统、营销获客系统、私域裂变系统、数据分析系统、客户成功系统，为企业搭建一站式营销管理平台，专业赋能企业数字化营销。

4.2.4　面向多样化需求

排除之前已经讨论过的一些共性问题，数字化应用也会针对一些相对细分的多样化需求提供解决方案，表现出对各类社会及市场的兴趣，能够证明数字化转型从需求出发的核心逻辑，同样也印证了随着场景逐渐多样化，更多的需求也会被挖掘出来成为数字化应用实现价值的来源，各类需求的总体分布如图4.13 所示。

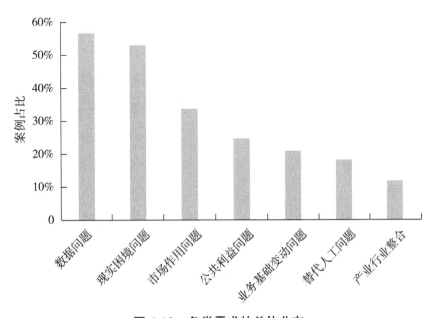

图 4.13　各类需求的总体分布

根据所征集的案例统计，有 25% 的案例面临的是一些有关公共利益或者公众安全的问题，这些问题大致可以再细分为安全预警问题、数字鸿沟问题、城市治理问题、网络安全问题和垄断问题（图 4.14）。

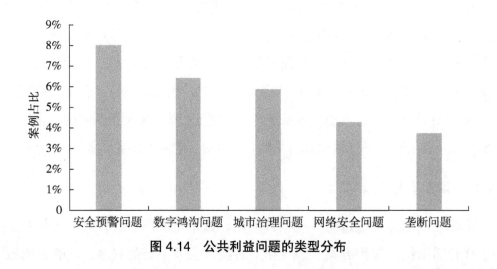

图 4.14　公共利益问题的类型分布

安全预警问题主要是指一些危害到生命财产安全的情况，如工伤事故、自然灾害及社会治安隐患等，此类问题的解决思路主要是通过实时监控和精准预警来降低不确定性导致的损害。例如，苏州美舫科技股份有限公司提出的基于数字孪生的市域治理解决方案就是主要面向社会治安中各种不确定的安全隐患的。

数字鸿沟问题则是指不同群体之间的数据持有和数字能力的巨大差距导致的社会不公，如新旧系统之间的数字鸿沟、城乡之间的数字鸿沟、东西部省份之间的数字鸿沟，以及年轻人和老年人之间的数字鸿沟等，这类问题的解决思路主要集中在降低数字化应用的使用门槛上，如联通东营分公司的东营市六户镇数字乡镇项目。

城市治理问题在这里主要是指环境污染、人口流动、资源短缺及分配不均等现实冲击所造成的城市运行成本逐渐增高、治理成本过高，进而导致效率降低，案例的经验主要包括利用数字化应用提高治理能力和对社会的动态感知能力。例如，杭州数知梦科技有限公司开发的"公交数据大脑"就通过公交信息系统云端化，应对车辆剧增所引发的交通拥堵、环境污染等一系列问题。

网络安全问题基本涵盖的是开放互联网所面临的外部攻击与数据泄露等情况，一些案例试图构建新的网络安全架构配合新的加密技术去解决这些问题，如北京网御星云信息技术有限公司承担的河南投资集团网络安全中台一期。而垄断问题特指诸如芯片和工业软件领域核心产品被国外厂商垄断，亟须开发国产替代的现状，案例中的部分企业对这种开发做了初步的尝试。例如，北京亦心科技有限公司开发的悟空专业图像处理服务平台就是志在补齐办公基础软件中图像处理的短板。

有 21% 的案例花费了相当的精力去解决部分业务基础相关的特化问题（图4.15）。对于技术匹配的问题，有很多经济活动的业务场景往往和前沿的技术是脱节的，或者说前沿技术并没有针对这些业务场景做优化，从而使得数字化应用的功能在支撑业务上有不小的欠缺。例如，北京智网易联科技有限公司的市域社会治理现代化建设解决方案就有针对前沿技术与业务脱节问题的处理。此外，业务模型的设计与数据模型也往往脱节。例如，杭州瓴羊智能服务有限公司旗下数禾科技的数仓体系就比较擅长处理这种情况。技术不匹配使得数字化应用不但没有提升业务场景的效率和体验，反而对业务开展造成了阻碍，对技术能力提出了更高的要求，数字化转型的应用方或实施方需要对技术有足够的理解和应用能力，才能避免技术与业务的错配。

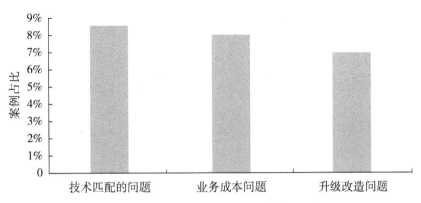

图 4.15　业务基础变动问题的类型分布

　　还有一部分数字化转型方案希望可以解决各业务流程中成本高昂的问题。从整体来看，多数经济活动的业务中，人力成本、运输成本、运营成本和推广营销成本是业务成本的主要来源，其中推广营销成本和人力成本最为突出，所以诸如北京华瑞网研科技有限公司的"金标优选－溯源服务"等案例，也多从降低人力成本和推广营销成本入手。

　　此外，升级改造问题也值得分析，这里面包括了对旧的业务系统及对旧设备的升级改造。例如，上海易校信息科技有限公司申报的轻流－大道桥案例中提到，旧系统和旧设备的不足对业务效率造成了极大的阻碍，这些不足也就是升级改造的动力。升级改造最大的阻力来源于新旧系统和设备的不兼容，二次开发难度大，重新建立则成本很高，解决思路主要还是在增加兼容性的方向上。例如，树根互联股份有限公司与三一重工开发的挖掘机指数就是基于工业互联网操作系统将新老设备兼容到一个平台上进行监控的。

　　案例中还有一些需求特别强调了替代人工问题（图 4.16）。区别于因为非标准化和复杂场景使用人工辅助的情况，此处的替代人工更多是从人工供给不稳定的角度考虑的。首先，一个十分需要数字化应用能够替代人工的原因是具有专业知识的人比较稀缺。例如，环境监察需要专业的监察人员；特种采购需要专业的采购人员；科普工作者的专业程度参差不齐影响了科普的信度；农民缺少新农业技术的知识，需要专业的技术人员指导；教育、设计、医疗及养殖等其他领域对具备专业知识的人才十分需求。这些场景都十分需要数字化应用可以将专业知识沉淀在应用中替代人工，从而实现专业知识的大量供给（表 4.1）。

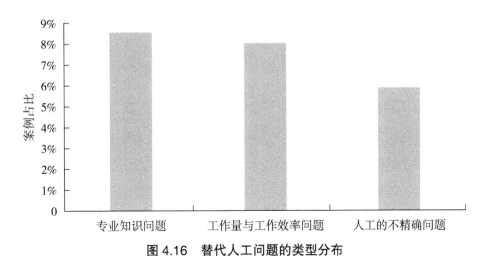

图 4.16　替代人工问题的类型分布

表 4.1　案例中涉及专业知识供给不足需要替代人工的部分应用

申报企业	案例名称	替代的人工
中国联合网络通信有限公司威海市分公司	威海临港经济技术开发区大气环境综合管控项目	环境监察人员
易派客电子商务有限公司	易派客工业品电子商务平台	特种采购人员
乐元素科技（北京）股份有限公司	乐元素"互联网＋公益科普"，助力社会公益科普数字化转型	科普人员
中国联合网络通信有限公司菏泽市分公司	菏泽市益农信息社信息进村入户建设项目	农业技术指导人员
中国联合网络股份有限公司临沂市分公司	5G+4K 美育同步课堂项目	美育教师
杭州康晟健康管理咨询有限公司	基于微服务架构的药店 SaaS 智能问诊系统	医药专业人员
北京洛可可科技有限公司	基于洛克云、水母智能、"如花"元宇宙等能力，洛可可创新设计集团数字化转型实践	设计人员
北京小龙潜行科技有限公司	生猪智能养殖系统	养殖人员
华为软件技术有限公司	华为 HMS Core 手语服务	手语翻译员

其次，有些重复性的劳动强度大的工作需要数字化应用取代人工，把人从这些琐事上解放出来，同时还能极大地提高工作效率。最后，人容易出错与疲劳，有些

工作受个人的主观因素影响也较大，使得人工在这些场景中会变得更加不精确，而利用数字化应用替代人工，就能降低甚至消除这种不精确，如重庆云江工业互联网在工业视觉案例集中的应用。

部分数字化转型方案会从产业行业整合的需求去入手（图 4.17）。供应链和产业链相关的问题是这个方向上需求最集中的领域，因为产业行业的整合就离不开供应链和产业链的上下游协调管理，以及资源产业生态上的布局。供应链和产业链里的问题包括但不限于链路过长、经销商与服务商渠道分散、生产商产能分散、集中程度低、多层多级分销代理难以管理、上下游供需匹配能力弱、产业结构和资源禀赋存在不平衡不充分、有缺失导致产业链路不畅通等。福建冻品在线网络科技有限公司在全球冷链食材供应链＋互联网平台案例中，利用移动互联网技术建立了全国最大规模的冻品分销渠道，掌握生鲜冷链上游厂家到下游终端客户的核心资产，一定程度上解决了部分供应链和产业链问题。

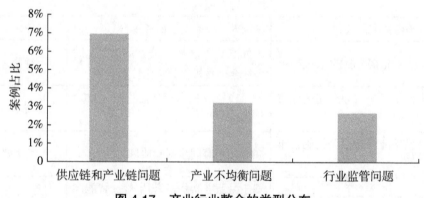

图 4.17　产业行业整合的类型分布

除了供应链和产业链这个关键问题以外，数字化转型方案还会涉及产业不均衡及行业监管问题，前者一般是指产业结构落后、产业发展不平衡及资源分配不均。例如，北京沃东天骏信息技术有限公司开发宜宾数字化产融协同平台就有优化产业结构的目的。而后者则是指从行业角度考虑所需解决的管理问题。例如，"一部手机游云南"案例中就有提到旅游市场缺乏诚信监管机制的问题。解决这些问题很难从某个孤立的方向入手并实现较好的效果，更需要的是从行业和产业的角度去建立平台系统，促进供应链、产业链的整合升级。

4.2.5　跨越数字化转型门槛

总结起来，很多单位的数字化转型没能持续下去，原因大致可以归结为以下几类：数字化的技术困难、数字化的成本高昂、数字化的人才不足、数字化的经验缺乏及数字化的耗时过长。而数字化转型方案就是要对这些问题都做出应对。

具体来讲，数字化技术的问题主要包括现有技术适用性低、可扩展性差、处理性能差、安全性差、维护性和兼容性差；也包括基础设施不足、网络覆盖不全面等；还包括新技术的技术门槛高、技术可获得性低、技术复杂度高等。这是大部分数字化转型进程中的拦路虎，需要优先解决。

数字化的成本包括前期开发成本、试错成本、建设安装成本，以及中后期的维护成本、服务成本、运营成本等。传统上这些数字化成本一直居高不下，因为其较高的技术门槛，相当依赖电子设备等重资产，供给相对稀缺，大部分单位并没有充裕的资金去承担过度高昂的费用。

此外还有数字化人才不足和数字化经验缺乏，都指向当前社会缺少熟悉数字化转型的人才的现状，社会也没有投入足够的资源去培养所需的人，使得不少存在数字化需求和意愿的单位难以找到适合自身的数字化转型方案，并持续坚定地实施下去，更多的企业在一次次尝试中浪费大量的资源，部分负担不起的就会中途放弃。

数字化转型往往耗时长、周期长，但对数字化转型有需求的组织通常缺少等待的时间，或者无法抽出长段的时间专心于数字化转型，因此一旦做出开始数字化转型的决策，就相当于孤注一掷从市场上退出或者半退出，收益大幅度减少的同时支出反而大幅度增加。如果数字化转型最终失败或者转型带来的收益不如预期，就会直接将组织推入十分艰难的局面，甚至让其直接退出市场。

以上这些门槛迫使很多存在数字化转型需求的单位放弃尝试，所以数字化转型方案的供应方应该致力于提供解决方案以降低甚至跨越这些门槛，从而扩大数字化转型的应用范围，也为自己开拓更多的市场。

4.3 数字化转型方案的思路差异

从需求和解决思路的角度来看，案例所涉及的需求可以被归纳为前文所描述的几类问题，具体包括数据问题、现实困境问题、市场作用问题、公共利益问题、业务基础变动问题、替代人工问题及产业行业整合七大类，而将各数字化方案的解决思路划分为平台、服务、数据、技术、管理、应用和系统 7 个维度，利用字码矩阵就可以看出当前数字化转型方案在针对不同问题时，整体上会在哪些维度投入更多的资源和注意力，从而总结出数字化转型方案的设计结构和实施模式。

为了从更整体的角度去考察结构与模式，我们将字码矩阵中的编码节点数进行了转变，使每个单元格的值保持在 0~1，这样就可以在不同的维度和问题之间进行比较，而为了既可以在问题之间做比较，又可以在思路的维度之间做比较，我们将每个单元格的节点数换算为每个单元格的节点数占对应维度总节点数的比率与该单元格的节点数占对应问题总节点数的比率相乘所得的指数，数字化转型思路的结构如表 4.2 所示。其中，颜色越深代表在该维度上和该问题上投入的注意力越高、权重越大，反之颜色越浅则代表注意力越低、权重越小。整体来看，数据问题和现实困境问题是多数数字化转型方案的主攻方向，但针对不同问题，数字化转型的思路确实在结构上有所差异。

表 4.2 数字化转型思路的结构

需求	平台	服务	数据	技术	管理	应用	系统
数据问题	0.6443	0.4568	0.9575	0.6326	0.6578	0.6427	0.5065
现实困境问题	0.9277	0.7183	0.8060	0.6855	0.5319	0.8766	0.4311
市场作用问题	0.5772	0.5967	0.3417	0.3813	0.4588	0.2613	0.2622
公共利益问题	0.2897	0.2032	0.2391	0.3435	0.2797	0.3395	0.1623
业务基础变动问题	0.2468	0.1246	0.4001	0.2986	0.1193	0.3719	0.1231
替代人工问题	0.3614	0.2076	0.5261	0.1293	0.4021	0.2674	0.1112
产业行业整合	0.3993	0.1644	0.2024	0.2764	0.1444	0.1611	0.0166

　　首先从模式上，不同问题的维度重要性排序都是不同的。解决数据问题的方案思路里，维度重要性的排序或者说指数排序由高到低依次是数据、管理、平台、应用、技术、系统和服务。而解决现实困境问题的思路中，排序则变为平台、应用、数据、服务、技术、管理和系统。同理，市场作用问题的排序为服务、平台、管理、技术、数据、系统和应用；公共利益问题的排序为技术、应用、平台、管理、数据、服务和系统；业务基础变动问题的排序为数据、应用、技术、平台、服务、系统和管理；替代人工问题的排序为数据、管理、平台、应用、服务、技术和系统；产业行业整合的排序为平台、技术、数据、服务、应用、管理和系统。不同的模式代表着解决不同问题时的切入点不同。例如，数据问题中，处理各类数据就是所有方案的基础，所以数据维度指数异常高，而在现实困境问题里，搭建平台、落实各项应用才是解决方案优先考虑的。

　　其次从结构上，不同问题的各维度指数的相对差异也较大。如图 4.18 所示，由于每个问题里各维度的权重存在相对差异，将指数基于每个问题所有维度的指数之和转换成相对占比以后，即可勾画出各维度之间重要性相对差异的程度，从而揭示数字化转型方案的结构特征。例如，在产业行业整合里，系统维度的相对占比极低，因为产业行业的整合往往需要跨域跨行的方案，单个系统很难承担这个功能，更合理的思路是直接建立平台，因而该问题的解决思路里，平台维度的相对占比也是各问题里最高的，超过了 20%，接近 30%。再如，数据问题和现实困境问题的解决思路里，虽然各自都有优先考虑的维度，但总体保持相对均衡。

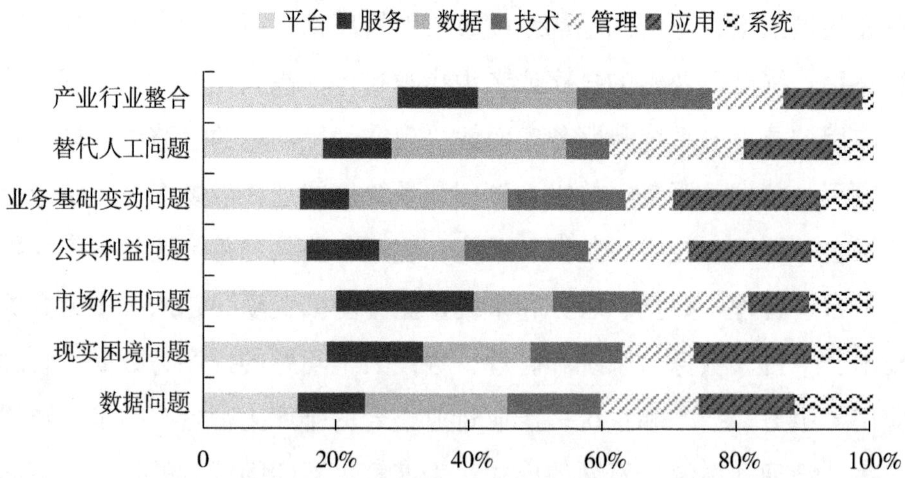

图 4.18　数字化转型方案各问题的维度占比

专题篇

第 5 章　推进数字化转型助力
农业高质量发展

乡村振兴是推进共同富裕，全面建设社会主义现代化国家的必由之路，农业高质量发展是乡村振兴的根本底座。长期以来，农业是基础产业也是弱势产业，我国农业规模化程度低、机械化程度低、生产效率低、发展动力不足。随着 5G、大数据、物联网等技术的发展，数字经济成为我国经济增长的重要推动力，数字技术应用及数据要素挖掘对于提高农业生产效率、提升经济效益、提高农民收入，助力乡村振兴及农业现代化起到关键作用。

5.1　中国农业发展面临的问题

长期以来，我国坚持农业农村优先发展，农业经济持续稳定增长。但由于受传统"小农经济"影响，农业生产主体分散、规模化及机械化经营能力不足、从业人员"老龄化"，且长期以来使用农药、化肥、地膜导致生态环境恶化等因素，突出表现为农业生产率较低、绿色可持续性发展能力不足、适龄农业人才不足、农业生产相关保险保障不足等问题。

第一，农业生产率较低。一是规模化经营不足。第三次全国农业普查数据显示，当前我国规模化经营农户人员仅占 1.9%，这一比例相对偏低。二是创新能力不足。当前我国大部分乡村企业科技创新能力有待提高，生产作业机械化程度、工艺水平较低，农产品缺乏市场竞争力。三是季节性、周期性明显，抵御风险能力弱。我国农业生产主体较为分散，乡村企业多数为中小微企业，金融抗风险能力、产业链抗风险能力、自然灾害抗风险能力均不具优势。四是社会化服务不足。农业发展以政策和财政支持为主，主要由政府发挥作用，社会专业服务企业参与度不高，缺乏更多元的发展主体参与建设。

第二，绿色可持续性发展能力不足。为了增产增收，我国农业生产中农药、化肥、地膜等的使用量位于较高水平，《中国统计年鉴 2022》及 IFA（国际肥料工业协会）数据显示，截至 2021 年化肥用量为 5191.3 万吨，约占世界 25.5%，每公顷用量为 310 千克，过度依赖化肥造成土壤结构变差、土壤板结、地力下降，农产品硝酸盐含量过高、重金属含量超标。另根据中央电视台财经频道《经济半小时》栏目"消除耕地里的垃圾"中相关数据可知，我国每年要用掉大约 145 万吨地膜，占全球总量的 75%，农作物覆盖面积近 3 亿亩，而且地膜自然降解难、人工回收效率低。秸秆、禽畜养殖污染物的无害化处理、回收利用等普及不足，导致其对土壤、水源等环境自然净化造成较大压力，给农业可持续发展带来较大挑战。

第三，适龄农业人才不足。第三次全国农业普查结果显示，全国农业生产经营人员中，年龄在 35 岁及以下的人员占 19.17%，年龄在 36~54 岁的人员占 47.25%，年龄在 55 岁及以上的人员占 33.58%（图 5.1）。以猪场养殖业为例，处于一线的养殖人员大多数是 50、60 岁，年龄较大、文化水平较低，年轻一代从业意愿低，不少乡村出现空心村的情况，农业劳动力流失严重。农业从业人员不仅面临数量上的减少，还在质量上存在巨大的危机。根据中国社会科学院信息化研究中心发布的《乡村振兴战略背景下中国乡村数字素养调查分析报告》，农村居民数字素养平均得分比城市居民低 37.5%，城乡之间存在巨大"数字素养鸿沟"。

第四，农业生产相关保险保障不足。从全球视角看，政府对农业保险的补贴主要包括对农民的保费补贴、对保险公司的经营费用补贴和通过再保险方式对超赔损失进行分担的超赔补贴三大类。美国等发达国家都是 3 项补贴俱全，而我国只有保费补贴，没有费用补贴和超赔补贴，补贴手段较为单一。除此之外，监管缺乏法律支撑，定损标准不清晰、赔付不规范降低农户投保意愿。

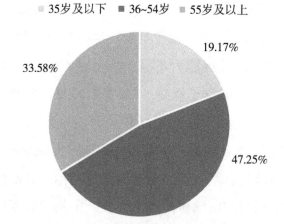

图 5.1　全国农业生产经营人员构成

（数据来源：《第三次全国农业普查主要数据公报》）

5.2　数字化转型对农业促进作用的分析

基于新一代信息技术与农业生产经营深度融合，能够减少对劳动力和土地等传统生产要素的需求，并且随着应用新技术带来的技术进步效应，提升农业经营管理技术效率和生产率。

第一，优化生产方式，强化数字基建，打造智能农场、智能牧场等，实现农业生产的智能化、精准化。一是应用数字技术改造生产基础设施，发展设施农业，综合利用现代生物、工程和信息技术、遥感技术改善局部环境，为动植物生产提供相对可控的温度、湿度、光照、水肥和空气等环境条件，对灾害、环境及农作物长势的定期实时监控，可在有限的土地上建立动植物周年连续生产系统，实现农业生产的智能调控和信息化管理，解决农业生产因地域性、周期性、季节性和农产品需求弹性小等带来的自然风险和市场风险。二是推进农业生产绿色化、环保化。根据联合国政府间气候变化专门委员会数据可知，农林牧渔业的温室气体排放约占净人为温室气体排放的 1/4。基于新型绿色农业技术，如低毒、环保型农药及有机肥等，有效实现减碳增汇。三是提升农机装备智能化水平。无人驾驶拖拉机、插秧机、联合收割机和植保无人机等，可以

24 小时全程无人自主作业，大幅降低了人力成本和时间成本，提高了农业生产效率。

第二，优化生产关系，加强农业产业链、供应链上下游协同水平，降低信息不对称。一是打通农业生产、流通、营销等各个环节，推动农业全产业链精准化，推动数智技术应用于农业生产经营管理的各个环节，对传统农业全产业链进行改造提升。二是打造高效的农产品流通体系。农产品流通环节多、损耗大、成本高、信息存在不对称等问题，可以通过数字技术提高农产品供应环节的透明程度，降低交易成本。基于大数据算法的电商平台不仅能够降低中间商带来的流程和价值损耗，还能扩大交易规模，形成规模效应。此外，可以通过智慧冷链物流对生产农产品流通实施全程温控，降低损耗。三是通过数据这一新型生产要素让农产品的供产销环节更加信息化、透明化，并将产业链前后的生产经营者、涉农企业、监管机构和消费人群等主体有效连接，有利于保障产业安全和食品安全。例如，凯盛浩丰农业有限公司(简称"凯盛浩丰")开发的"农业大脑"，是服务中国农业的创新数字平台，整合了数字技术、农业技术和操作流程，主要解决普遍存在的，包括外国（主要是荷兰）温室硬件和软件系统不提供开放数据问题在内的，一系列农业生产经营问题。

⊫ 专栏 1

凯盛浩丰农业有限公司——数字化农业全产业链解决方案

1. 案例解决的核心问题

凯盛浩丰通过数字技术加农业技术加操作流程开发的"农业大脑"，是中国农业的革新性数字平台，"浩丰数字大脑"已入选山东省第三批省级产业互联网平台示范项目。主要解决目前温室软硬件系统以荷兰等国外系统为主，数据不开放，植物模型与 IOT 模型未成体系，以及分散经营小农生产、机械化水平不高、标准化程度低、生产技术落后、食品安全不可控、供需两侧信息不对称的问题。

2. 案例的优点

构建"农业数字大脑"有助于推进智慧基地、智慧生产、智慧供应、智慧营销、智慧人才、智慧金融的建设。大数据下的精准农业加云端的智慧农业，是未来智慧农业的"雏形"，是未来农业在大数据积累、建立农产品可追溯机制，以及人工智能在农业领域的应用等方向的强大助力。

3. 案例应用情况及取得的成效

解决方案的系统架构主要包括数据采集层、数据能力层、数据工具层。产品服务主要包括解决智慧温室生产、提供生产过程中的物料和服务、带动劳工就业、助力乡村振兴等。然而，任何经营管理活动都是有风险的，该项目对风险的应对措施主要包括实现现代企业制度、加强决策的科学性、吸引高级管理人才、强化规章制度落实机制。

（详见案例篇 – 案例1）

第三，提升农业政务服务数字化水平，让"农民少跑腿"。一是提供智慧便捷的乡村公共服务平台，构建面向农业农村的综合信息服务体系，加强乡村公共数据资源开放共享，推进更多涉农服务事项网上办理，提升在线办理效率，让数据多跑路、农民少跑腿，实现乡村服务一门式办理、一站式服务，提高数字化政务服务效能。二是推动建设更适宜的乡村生态环境、社会环境，实现人和自然和谐共生，实现教育、医疗、健康等公共服务更加均等。三是基于数智化平台推动政府政务公开透明。由于基层政府存在自利性偏好，进而采取选择性执行的方式进行回应，使得乡村治理政策"悬浮化"，与制度设计初衷产生偏差，存在项目资金分配不均、监管不到位、资金使用不透明等问题。

第四，提高福利水平，激发涉农产业主体的内生动力和生产积极性，吸引人才、资金向农村流动。为乡村振兴提供资金、人才等必要要素的渠道，形成良性循环。促进城乡之间资金、人才、技术等要素的双向流动，促进城乡协调发展，畅通城乡联动的国内经济大循环。传统的农业生产具有周期长、季节性强的特点，其资金需求急、周转比较慢，要求金融机构与技术企业进行深度融合，利用数据、技术等多种手段解决"三农"领域金融问题。营造更好的创新创业环境，推进人才返乡。

第五，发展金融科技。金融科技是以数字经济中的信息技术为主要驱动力，具有显著的包容和普惠效应，能够有效缓解以往涉农金融体系中的信息不对称问题，平衡金融包容公益性和商业可营利性不可兼容的问题，能够有效扩大金融服务在农业农村中的覆盖率，遏制传统的"金融排斥"现象。通过利用数字金融创新的方式不仅能降低风险和优化资源配置，还能提高乡村产业的效益，优化其生产规模。

5.3　农业数字化转型现状分析

整体来看，随着互联网基础设施的普及，大数据、物联网等数字化技术加速融入农业育种、种养殖管理、农机服务、农产品经营、涉农金融服务等各经济环节，循环农业、智慧农业、康养文旅、观光农业创新商业模式的加快发展，积极推进农业生产经营数字化转型试点地区建设，依托地方优势产业赋能数字乡村建设，充分发挥了数字普惠金融对乡村振兴的支撑作用，我国农业整体数字化水平逐年提升。

一是整体数字化水平不断提高。尽管在三大产业中，农业数字经济渗透率最低，但是 2018—2021 年，中国农业数字经济渗透率逐年提升（图 5.2）。2019 年农业数字经济渗透率为 8.2%，比 2018 年增加 0.9 个百分点；2020 年农业数字经济渗透率达 8.9%，比 2019 年增加 0.7 个百分点，高于发展中国家的 6.4%，高于中高收入国家的 7.9%；2021 年农业数字经济渗透率为 10.1%，比 2020 年增加 1.2 个百分点；2022 年农业数字经济渗透率为 10.5%，比 2021 年增加 0.4 个百分点。

图 5.2　2018—2022 年中国农业数字经济渗透率

（数据来源：中国信通院《中国数字经济发展研究报告（2023）》）

《数智乡村白皮书（2021）》数据显示，2020 年全国数智乡村指数达到 23.92，较 2016 年的 4.81 提升了 4.97 倍，每年增长幅度保持在 20% 以上。《2021 全国县域农业农村信息化发展水平评价报告》显示，2020 年全国县域农业农村信息化发展总体水平达 37.9%，较上年提升 1.9 个百分点。2020 年全国农业生产信息化水平为 22.5%，全国农产品质量安全追溯信息化水平为 22.1%，县域农产品网络零售额占农产品销售总额的 13.8%，应用信息技术实现行政村党务、村务、财务"三务"综合公开水平为 72.1%，"雪亮工程"行政村覆盖率为 77.0%，县域政务服务在线办事率为 66.4%，电商服务站行政村覆盖率达到 78.9%，县均农业农村信息化财政投入近 1300 万元，县均农业农村信息化社会资本投入超 3000 万元，县级农业农村信息化管理服务机构覆盖率为 78.0%。浙江、江苏、上海、安徽、湖南等地区的农业农村信息化发展水平引领全国。

二是基础设施数字化改造不断加快。《县域数字乡村指数报告》显示，我国乡村基础设施不断完善，2020 年我国县域数字乡村指数比 2019 年增长 6%。乡村数字基础设施指数、乡村治理数字化指数、乡村经济数字化指数和乡村生活数字化指数分别为 78、49、48、47，分别增长 5%、15%、4% 和 5%，其中乡村数字基础设置已经基本处于较高水平。《数智乡村白皮书（2021）》也显示出，数智乡村基础设施建设逐渐完善，数智乡村基础设施综合发展水平在 2020 年达到 4.53，比 2016 年提升了 1.74 倍。农村地区互联网基础设施不断提升。中国互联网络信息中心数据显示，截至 2022 年 6 月，我国农村地区互联网普及率提升到 58.8%。《数字中国发展报告（2021 年）》显示，行政村、脱贫村通宽带率达 100%。国家邮政局公布的数据显示，2021 年全国"快递进村"比例较去年同期提升近 30 个百分点，江浙沪等地基本实现村村通快递。例如，京东科技助力西南地区某市打造农业数字基础设施——农业操作系统，实现农业数据、汇聚、管理、服务及人工智能＋大数据应用，形成市农业大数据集合，打造了国内首个现代化智能农业"数字底座"，为某市国家现代农业产业园提供数据处理的技术底座，赋予农业生产经营数字化能力。目前，依托农业操作系统的大数据分析能力，某市政府领导能够为市企业主提供"反向定制"建议，并帮助当地上百个甄选商品进驻地方特产馆，多款商品实现爆发式增长，达到近千万的线上销量。

三是数字化技术在"三农"方面的应用不断加快。在农业领域，数字化技术加速融入农业育种、种养殖管理、农机服务、农产品经营、涉农金融服务等各经济环节。数字科技被运用于农村现代化生产，提升了农产品的标准化水平，赋能农业细分行业，持续增强农村地区造血功能。各地依托国家重点研发计划项目，加快基础前沿技术研发、重大共性关键技术研发和应用示范研究拓展，促进了农业农村建设和数字化发展深度融合，凝聚、培养了大批优秀农业科技人才，初步形成农业领域的数字化产学研团队，农业科技创新能力和数字化转型能力不断提升。据农业农村部统计，2021 年农业科技进步贡献率达到 61%，科技成为农业农村经济增长最重要的驱动力。例如，山东省肥城市通过打造肥城市桃产业智慧管理新平台，实现肥城市桃种植、分选、物流、销售产销一体化的全产业链运营模式，每亩果园节省用水、肥料、农药等投入 30%，而综合节本增效达到 50% 以上。

数字技术也在乡村治理和环境综合发展中发挥了作用。针对农村水源地、生活垃圾、农业废弃物进行了重点监管，乡村的污水处理、垃圾处理都用上了数字技术。《数智乡村白皮书（2021）》相关数据显示，到 2020 年已有 85.8% 的自然村实现了垃圾集中处理，60% 的自然村完成农村改厕。随着电信"村村享"、阿里"乡村钉"、腾讯"为村"等乡村数字化治理平台的日益广泛应用，乡村基层党建、政务服务、村务管理等乡村治理不同模块的数字化程度加速提升，同时随着乡村基层公共服务体系建设推进，乡村医疗、教育、文化等领域的信息化、智慧化水平明显改善。

四是农业数字化转型试点建设持续深入推进。2020 年，中央网信办会同相关部门在全国部署 117 个数字乡村试点地区。试点地区积极探索农业生产经营数字化转型，依靠当地特色资源，拓宽农产品销售渠道，依托优势产业赋能数字乡村建设，依托地理信息系统、大数据技术等构建乡村治理数字化平台，整合归集农业数据，实时监测农村生产生活、农业生态情况，为实现乡村精准自治提供数字化条件。《中国数字经济发展报告（2022 年）》及农业农村部相关数据显示，截至 2021 年底，全国累计建设 9 个农业物联网示范省、100 个数字农业试点项目，分 4 批认定 316 个全国农业农村信息化示范基地，支持近 12 万套农机信息化改造，征集推介 400 余项农业物联网应用成果和模式，在全国开展了苹果、大豆等 6 个品种的全产业链大数据建设试点。

五是产业链条不断完善，数字经济新业态快速发展。近年来农产品加工业、休闲农业和乡村新型服务业等不断涌现，催生了循环农业、智慧农业、康养文旅等新业态和新功能，并且除了传统的小农和专业大户以外，家庭农场、农民合作社、涉农企业等新型经营主体类型也更加多元化。数字经济推动乡村旅游、观光农业、创意农业等创新商业模式的加快发展。以京东为例，通过整合京东集团生态资源，联合政府力量，京东非遗频道汇集传统手艺与国潮设计，与非遗文化领域优质品牌商家推动跨品类合作，携手撬动非遗文创 IP 产业链，打造品质文化消费新平台。农村电商成为乡村数字经济发展新动力。传统农产品与电商、直播等互联网应用充分结合，农户和商家利用短视频、直播等手段宣传和推介优质农产品，不仅拓宽了农产品销售渠道，增加了农产品营销效率，还为农产品进城打开了销路。国家统计局数据显示，2022 年前三季度，全国农村网络零售额达 14 978.5 亿元，同比增长 3.6%；全国农产品网络零售额 3745.1 亿元，同比增长 8.8%，增速比去年同期提升 7.3 个百分点。

六是农村金融蓬勃发展。以互联网银行为代表的金融机构提供的数字普惠金融服务，正成为县域农村金融的有效补充。《中国县域数字普惠金融指数报告 2020》显示，由于数字普惠金融的逐步普及，县域及农村地区居民获取金融服务的笔数占比较高。例如，国家级普惠金融改革试验区河南兰考县，通过实践探索形成了"一平台四体系"模式，有力推动了县域经济平稳快速发展，有效解决了传统金融所面临的成本高、效率低和风险控制难等问题，并通过金融科技的不断完善和助力，通过将普惠金融贷款用于生产性用途，进一步对当地的现代农业实施产业发展奖补，充分发挥了数字普惠金融对乡村振兴的支撑作用，不断促进乡村产业的发展壮大。

5.4　中央和地方高度重视推进农业数字化转型

为推进农业数字化转型，中央和地方层面均加强系统谋划，与"十四五"规划、数字乡村、乡村振兴战略、农村农业现代化紧密结合。中央层面通过整体规划及高标准农田、冷链物流、现代农业产业园、休闲农业等配套政策设计，为全国各省（自治区、直辖市）的具体落地实施提供指引，各地方均积极响应国家号召，进行具体分解落实，为农业数字化转型及高质量发展提供政策保障。

中央层面高度重视统筹协调推进农业数字化转型工作，将乡村振兴、农业数字化转型、农业现代化相统一，建设数字农业，主要从注重顶层规划、强化金融支持、加强乡村治理、推进农业数字化等方面制定规划和提出政策措施。

一是高度重视顶层规划。党的十九大以来，中央更加强调乡村振兴与数字农业。2019 年，中共中央办公厅、国务院办公厅印发《数字乡村发展战略纲要》，提出"数字乡村"既是乡村振兴的战略方向，也是建设数字中国的重要内容，要"着力发挥信息技术创新的扩散效应、信息和知识的溢出效应、数字技术释放的普惠效应，加快推进农业农村现代化"；2020 年出台《数字农业农村发展规划（2019—2025 年）》《全国乡村产业发展规划（2020—2025 年）》，指出需"面向现代农业建设主战场，把握数字经济和信息技术发展新趋势，强化顶层设计，因地制宜，重点突破，分步推进，探索中国特色的数字农业农村发展模式"等。2021 年发布《中共中央 国务院关于全面推进乡村振兴加快建设农业农村现代化的意见》《数字乡村发展行动计划（2022—2025 年）》，进一步明确了新阶段数字乡村发展目标、重点任务和保障措施。2022 年出台《中共中央 国务院关于做好 2022 年全面推进乡村振兴重点工作的意见》《"十四五"推进农业农村现代化规划》，提出推动乡村振兴取得新进展、农业农村现代化迈出新步伐，持续推进农村一二三产业融合发展。

二是强化金融支持农业数字化发展。2021 年 4 月，《关于加强现代农业科技金融服务创新支撑乡村振兴战略实施的意见》，提出强化金融支持农业高新技术产业发展、将更多的金融资源引入农科园区、县域和科技企业，助力推进农业农村现代化。中国人民银行印发《关于做好 2022 年金融支持全面推进乡村振兴重点工作的意见》，提出加大现代农业基础支撑金融资源投入。2022 年，农业农村部办公厅与中国农业银行办公室联合制定了《金融助力畜牧业高质量发展工作方案》，强调运用物联网、人工智能、大数据、云计算等技术手段，以金融科技赋能畜牧业高质量发展。

三是加强乡村治理。2019 年 6 月，《关于加强和改进乡村治理的指导意见》指出，要发挥信息化支撑作用，探索建立"互联网 + 网络管理"服务管理模式，提升乡村治理智能化、精细化、专业化水平。推广村级基础台账电子化，建立统一的"智慧村庄"综合管理服务平台。

四是大力推进农业数字化。2020 年 2 月，《中共中央 国务院关于抓好"三农"领域重点工作确保如期实现全面小康的意见》提出，依托现有资源建设农业农村大数据中心；2021 年 12 月，《"十四五"全国农业机械化发展规划》，提出要推动农机导航、农机作业管理和远程数据通信管理等技术系统集成，加快农机装备作业传感、智能网联中单等关键技术攻关，推进农机作业监测数字化进程。

全国各省（自治区、直辖市）积极响应国家号召，围绕农业农村现代化、乡村振兴、农业高质量发展等发布一系列政策。

一是各省均积极将农业数字化转型与农业农村现代化紧密结合。例如，河南省于 2020 年出台《河南省人民政府关于加快推进农业高质量发展建设现代农业强省的意见》，提出制定符合绿色发展要求的现代农业生产技术标准、农业基础设施标准和农业机械化标准；天津市于 2021 年发布的《天津市加快数字化发展三年行动方案（2021—2023 年）》提出，推动智慧农业建设，推进 5G、物联网、遥感、卫星定位等数字技术在节水、耕种、施肥、饲喂、病虫害防治、环境监测、采收等生产管理环节的应用，提升园艺、畜牧、水产、种业、农机等领域智能化水平；江苏省于 2022 年发布的《关于"十四五"深入推进农业数字化建设的实施方案》提出，加强数字农业关键技术攻关，开发数字育种设计平台，提升智能农机装备研发制造水平。

二是各省均将农业农村现代化与数字乡村紧密结合。例如，江苏省于 2021 年《关于高质量推进数字乡村建设的实施意见》提出，加快信息化与农业农村现代化深度融合；河南省于 2020 年印发的《河南省人民政府办公厅关于加快推进农业信息化和数字乡村建设的实施意见》提出，用 3~5 年推动全省农业信息化和数字乡村建设取得重要进展，力争走在全国前列；云南省于 2020 年印发的《中共云南省委办公厅　云南省人民政府办公厅印发〈关于加快推进数字乡村建设的实施意见〉》提出，推进农业数字化转型。2020—2021 年，广西、湖南、陕西、辽宁、浙江等先后发布数字乡村发展行动计划、发展规划或建设实施方案。

三是各省均将数字农业与"十四五"规划紧密结合。例如，河北省于 2021 年印发的《河北省科技创新"十四五"规划》提出，发展特色高效数字农业，培育数字农业新动能；黑龙江省于 2022 年印发《黑龙江省"十四五"数字经济发展规划》，明确打造北大荒国家农业产业数字化先导区；云南省于 2022 年印发了《"十四五"数字云南规划》，强调建设数字农业农村服务体系，统筹全省涉农信息数据，鼓励开展市场信息、农资供应等领域的农业生产性服务。

四是积极落实关于高标准农田、冷链物流、现代农业产业园、休闲农业的中央政策。例如，河南省于 2022 年印发的《河南省高标准农田建设规划（2021—2030 年）》提出，通过工程措施与农艺技术、生物技术相结合，推广数字农业、良种良法、病虫害绿色防控、气象灾害防御与适用、节水节肥减药等技术，提高农田可持续利用水平和综合生产能力；云南省于 2020 年印发了《云南省支持农产品冷链物流设施建设政策措施》，提到降低农产品冷链物流成本；北京市于 2021 年发布的《关于全面推进乡村振兴加快农业农村现代化的实施方案》提出，创建 5 个国家级现代农业产业园、15 个市级现代农业产业园及农业产业强镇，提升 7 个国家农业科技园区，建设 100 家左右农业科技示范基地；重庆市于 2019 年印发了《重庆市人民政府办公厅关于建立重庆市休闲农业和乡村旅游发展联席会议制度的通知》，提出建设乡村旅游配套设施、优化乡村旅游环境、丰富乡村旅游活动；北京市于 2020 年印发的《北京市休闲农业"十百千万"畅游行动实施意见》提出，运用现代科技、管理要素和服务手段，推动产业链向上下游延伸，提高产业附加值，推进农业与文化、教育、科技、生态、康养的深度融合，走休闲农业高效发展之路。

5.5　农业数字化转型趋势分析

相较于第二产业、第三产业，我国农业数字经济总体渗透仍有待提升，应进一步提升数字技术在农业领域的应用及农民数字素养，同时兼顾东部、中部、西部地区等的协调发展，加强对农业农村的数据要素价值的利用，促进基础数据资源的共享及流通，助推农业现代化建设。

一是农业数字经济总体渗透率有待提升。尽管我国农业数字经济渗透率逐年提升，但是从三次产业来看，农业数字经济的渗透率还远低于第二产业、第三产业（图 5.3）。与城市相比，农村 5G 和千兆光纤网络等数字基础设施、交通等传统基础设施都相对滞后，地区差距较大。虽然电商模式能够省去中间环节，直接连接农户与消费者。但农村仓储、冷链等物流配送体系的数字化水平还有待提高。未来需要进一步提升数字技术在农业领域的应用，加快建设农村数字基础设施，提高农业的数字经济渗透率。

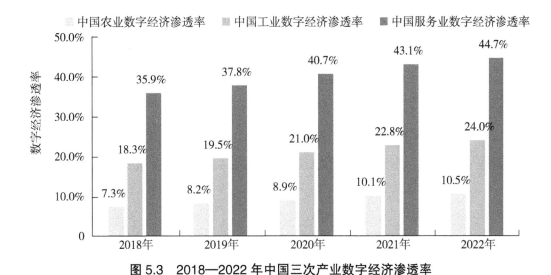

图 5.3　2018—2022 年中国三次产业数字经济渗透率

（数据来源：中国信通院《中国数字经济发展研究报告（2023 年）》）

二是农业农村领域的数据价值有待进一步挖掘。我国在农业生产、农产品流通等方面的长期生产过程中积累了丰富的生产及运营数据，如种质数据、环境监测数据、病虫害防治等，但是目前对农业农村的数据要素价值的利用并不充分，农业农村领域的资源管理混乱，数智化水平差异较大，数据孤岛、系统割裂等问题普遍存在，亟须建立一个统筹各方资源的整合平台，系统性统筹农业农村领域基础数据资源的共享。

三是农民数字素养需进一步提升。农业数字化提升的主体是广大农民群体，但是老一辈农民数字素养较低，创新能力不足。而且培训资源相对缺乏，农民难以获得专业化系统指导，不能提供可持续的人才供给。因此未来需要充分融合农民自身主观能动性、政府、高校和大众传媒结构的力量，进一步提升农民的素质素养。

四是进一步减少农业农村数字经济发展中不均衡的状态。农业数字经济发展中存在较多不均衡。第一，从整体水平上来看，我国数智乡村存在区域间发展程度不均衡的问题，东部沿海地区发展水平显著高于西部内陆地区，南北区域数智乡村发展水平差距较小。第二，互联网＋农业也存在较为显著的地域分布失衡状态。农村电商消费和农产品上行区域主要集中在经济发达、物流基础设施相对完善的珠三角和长三角。发展较好的农村电商案例，多数是有较好产业集聚或批发市场基础的地方。第三，全国县域农业农村信息化发展总体水平也存在地区间发展不均衡的问题。《2021 全国县域农业农村信息化发展水平评价报告》数据显示，2020 年全国县域农业农村信息化发展总体水平达到 37.9%，其中东部地区为41.0%，中部地区为 40.8%，西部地区为 34.1%。未来需要在正视农业数字经济非均衡发展的现状下，推动数字要素的跨区流动，推动农村农业数字化建设。

第6章 工业数字化转型
支撑产业快速升级

党和国家高度重视工业数字化转型。2017年12月，第十九届中共中央政治局就实施国家大数据战略进行第二次集体学习。习近平总书记强调"继续做好信息化和工业化深度融合这篇大文章，推动制造业加速向数字化、网络化、智能化发展"。党的二十大报告指出，坚持把发展经济的着力点放在实体经济上，推进新型工业化，加快建设制造强国、网络强国、数字中国。《中华人民共和国国民经济和社会发展第十四个五年规划和2035年远景目标纲要》明确提出，推进产业数字化转型。工业是国民经济支柱产业，经济总量大、覆盖范围广、产业链条长，与经济发展、人民生活和国防建设密切相关。工业数字化转型发展，关乎国家产业链供应链安全稳定、绿色低碳发展、民生福祉改善。特别是在当前世界动荡变革、国内"三重压力"凸显的大变局下，工业数字化转型成为推动行业高质量发展、提升产业链供应链韧性、培育经济新动能的重要抓手。当前工业领域数字化转型加速推进，装备制造业、钢铁行业、采矿行业、电力行业等工业领域加快数字化转型，不断提高生产能力、装配效率和故障检测准确率等，降低监测、运营成本和事故发生率，提升安全生产能力，有效助力行业企业的数字化转型。工业互联网行业应用持续深化，对各行业赋能效应明显。中国工业互联网六大模式新业态已经全面融入45个国民经济大类，行业赋能、赋值、赋智作用日益凸显。

6.1 国家高度重视工业数字化转型

工业数字化是第四次工业革命的重要基石，是新一代信息通信技术与工业经济深度融合的新型基础设施、应用模式和工业生态。党的十八大以来，党和国家高度重视工业数字化转型，以习近平同志为核心的党中央审时度势、运筹帷幄，牢牢把握数字化、网络化、智能化发展趋势，做出一系列新论断新部署新要求。习近平总书记在十八届中央政治局第三十六次集体学习、十九大报告、十九届中央政治局第二次集体学习、全国网络安全和信息化工作会议、十九届五中全会、中央经济工作会议等重要会议多次强调，要发展数字经济，加快推动数字产业化，推动产业数字化。

在党中央的重要思想指引下，《"十四五"国家信息化规划》等相关数字化转型重大战略和政策陆续出台，在工业数字化层面也做出重要部署。不同层级、不同地域、不同领域的政府和企业纷纷积极响应，形成了推动工业数字化转型的强大合力，共同促进工业数字化转型。

6.1.1 顶层设计持续完善

党中央、国务院对工业数字化转型做出系列规划安排和具体部署。党的二十大报告提出要推进新型工业化，加快建设制造强国、质量强国、航天强国、交通强国、网络强国、数字中国的战略目标。2023 年 3 月《政府工作报告》提出，深入实施创新驱动发展战略，推动产业结构优化升级。支持工业互联网发展，有力促进了制造业数字化智能化。2021 年 3 月的《中华人民共和国国民经济和社会发展第十四个五年规划和 2035 年远景目标纲要》提出，要"积极稳妥发展工业互联网""在重点行业和区域建设若干国际水准的工业互联网平台和数字化转型促进中心""深入实施增强制造业核心竞争力和技术改造专项，鼓励企业应用先进适用技术、加强设备更新和新产品规模化应用。建设智能制造示范工厂，完善智能制造标准体系。深入实施质量提升行动，推动制造业产品'增品种、提品质、创品牌'"。

2021 年 11 月，工业和信息化部印发的《"十四五"信息化和工业化深度融合发展规划》提出，到 2025 年，制造业数字化转型步伐明显加快，全国两化融合发展指数达到 105，工业互联网平台普及率达 45%，形成平台企业赋能、大中小企业融通发展新格局。同月，工业和信息化部、国家标准化管理委员会印发的《工业互联网综合标准化体系建设指南（2021 版）》提出，到 2025 年，制定工业互联网关键技术、产品、管理及应用等标准 100 项以上，建成统一、融合、开放的工业互联网标准体系。2021 年 12 月，中央网信委印发的《"十四五"国家信息化规划》提出，加快制造业数字化转型，发展多层次系统化工业互联网平台体系和创新应用，建设国家工业大数据中心体系，强化两化融合标准体系建设，深入实施智能制造工程。

6.1.2　地方大力支持工业数字化转型

各地陆续出台工业数字化转型的规划、条例或措施，贯彻落实党中央、国务院的决策部署，擘画未来发展蓝图。目前，全国 30 余个省市明确对工业数字化转型方向的政策支持，并通过设立专项、建立专班等方式加大投入力度，因地制宜推动工业数字化转型，初步形成系统推进、梯次发展、优势互补的产业发展格局。例如，广东省对加快数字化发展和制造业数字化转型高度重视，发布了《广东省制造业数字化转型实施方案（2021—2025 年）》《广东省制造业数字化转型若干政策措施》《广东省激发企业活力推动高质量发展的若干政策措施》等文件；福建省将数字化转型作为战略性任务，先后出台了《关于推进工业数字化转型的九条措施》《福建省工业数字化转型三年行动计划（2023—2025 年）》等文件；江苏省把工业互联网创新工程作为关键任务，先后出台了《江苏省加快推进工业互联网创新发展三年行动计划（2021—2023 年）》《江苏省制造业智能化改造和数字化转型三年行动计划（2022—2024 年）》《江苏省"十四五"数字经济发展规划》等文件；浙江省把工业互联网创新发展作为助推经济高质量发展的重要力量，出台《浙江省数字经济发展"十四五"规划》《浙江省全球先进制造业基地建设"十四五"规划》《浙江省"415X"先进制造业集群建设行动方案（2023—2027 年）》等政策文件，加快推动制造业数字化转型。

6.2 工业各领域数字化转型加速推进

数字化转型已成为全球工业发展的重要趋势之一。当前新一轮科技革命和产业变革蓬勃发展，数字经济和实体经济加速融合，新场景新应用不断涌现。《关于 2022 年国民经济和社会发展计划执行情况与 2023 年国民经济和社会发展计划草案的报告》中的数据显示，2022 年智能制造应用规模和水平进入全球领先行列，累计建成近 2000 家高水平数字化车间和智能工厂。各领域数字化转型也持续推进，装备制造业、石油化工、食品、钢铁等均取得了较好成效。

6.2.1 装备制造业数字化转型稳步向前

近年来，国家出台了一系列政策来推动装备制造企业与新技术深度融合，装备制造企业数字化转型已经取得了一定成果。工业领域数字化应用不断拓展，尤其是制造业智能化水平逐年提升，智能制造装备产业规模达 3 万亿元，数字化转型已成为引领装备制造业变革的战略性举措。对于装备制造企业而言，工业数字化转型将全面渗透到研发设计、生产制造、仓储物流、管理决策等各个环节，引发对企业全方位、全链条、全流程的改造。装备制造企业通过数字化转型，重塑业务流程、优化价值链、创新商业模式，从而增强核心竞争力，全面实现数字化、智能化升级。例如，思谋科技的 SMore ViMo 智能工业平台，以机器视觉 AI 技术为内核，针对不同制造业中复杂各异的应用场景，打造出通用性强、性能优异、快速部署、软硬件协同的产品方案，让视觉技术深入产业一线，助力工业数字化转型，直接服务高质量发展的主战场。

专栏 2

思谋科技——SMore ViMo 智能工业平台助力工业数字化转型

1. 案例解决的核心问题

思谋科技专注于计算机视觉和深度学习等前沿技术赋能智能制造与数智创新，持续打造更具拓展性和普惠价值的智能工业和数智创新平台，不断推动产业数字化转型和智能化升级。

2. 案例的优点

思谋科技研发的 SMore ViMo 智能工业平台，以机器视觉 AI 技术为内核，针对不同制造业中复杂各异的应用场景，打造出通用性强、性能优异、快速部署、软硬件协同的产品方案，让视觉技术深入产业一线，助力工业数字化转型，直接服务高质量发展的主战场。

3. 案例应用情况及取得的成效

目前，依托 SMore ViMo 智能工业平台，将 OCR 字符识别、检测、分割等定制化 AI 算法进行融合，形成了一个专门适用于汽车轴承行业检测的算法库，攻克了两大行业难题——对生锈缺陷的精准识别，以及对脏污、压伤缺陷的精准区分，实现了视觉技术在轴承检测应用的新突破。SMore ViMo 有强自学能力去判断、学习和进化，不断适应变化和未知，能够提供从图像采集到模型部署升级，再到生产线的完整闭环，通过与成像设备对接实现图像采集，用户对采集的数据进行标注，然后一键操作进行模型训练，将模型导出并部署到生产线，即可直接对物料进行实时检测，大幅提升整体质检效果，在消费电子、半导体、汽车零部件、医疗器械、快消品等行业具有广泛应用空间。

（详见案例篇 – 案例 2）

曙光云计算集团有限公司的数控设备智联化运营管理平台，实现了工厂内全部机床的可视化管理，管理人员通过可视化界面，可以清楚地了解整个厂区的机床工作状态及每台的工作效率，为管理者制定决策提供了有效的数据基础，实现了机床从产品加工到产品交付的全流程管理。

↙ 专栏 3

曙光云计算集团有限公司——数控设备智联化运营管理平台

1. 案例解决的核心问题

曙光云计算集团有限公司以"企业投资运营、政府购买服务"的模式建设了 50 余座城市级云计算中心，不断为各地政府、企业和公众提供优质的云计算服务、大数据服务和应用开发服务。主要解决目前离散制造业数控设备分散、离线管理及由此造成的 IT 和 OT 无法融合，MES 数据无法获取到设备状态数据进行生产任务排程、无法获取到生产过程数据进行生产过程追溯等问题。

2. 案例的优点

机械加工车间智能化改造平台模块主要有：CNC 机床网关、DNC 程序传输和管理系统、MDC 机床设备数据采集和监视系统。同时也实现了工厂内全部机床的可视化管理，管理人员通过可视化界面，可以清楚地了解整个厂区的机床工作状态及每台的工作效率，为管理者制定决策提供了有效的数据基础，实现了机床从产品加工到产品交付的全流程管理。

3. 案例应用情况及取得的成效

结合企业生产情况，实现生产流程优化、工艺参数优化、设备参数优化，带来产能提升 10%，节约能耗 5%，节省人工录入和统计分析成本 10 倍以上，实现设备故障率降低 20%、设备异常停机时间降低 15%、设备综合效率（OEE）提升 15% 以上、设备维保人力减少 20%，通过示范应用提高生产效率 10% 以上。总结形成了传统工厂智能化改造实施经验、工业软件成果转化模式、工业互联网推广模式。

（详见案例篇 – 案例 3）

6.2.2　石油化工行业应用取得较好成效

石油石化行业全价值链条长，数字化转型发展趋势良好，数字技术全方位渗透石油石化行业的全过程、全环节，实现能源流、信息流、价值流的"三流合一"，促进数字化和石油石化行业的产业融合。近几年石油公司纷纷推进数字化、网络化、智能化技术与油气全产业链的融合应用，打造一批智能油气田、智能炼厂、智慧管网、智能制造工程。中国石油打造智能油气田，聚焦现场作业智能操控、生产运行智能管控、勘探开发智能协同研究和经营管理智能决策。中国海油打造了智能油田、智能工程、智能工厂、智能贸销等，海油商城上线 3 年来，累计交易金额破万亿元。中国石化以高质量发展为目标，构建石化工业数字化转型管理新体系，如研发云边端石化智云工业互联网平台，孵化了面向煤化工、化纤、生物化工等细分行业的 ProMACE 平台。国家管网充分发挥了行业海量数据和丰富应用场景优势，促进数字化转型和产业的深度融合。打造了"工业互联网＋安全生产"行业平台，聚焦感知、监测、预警、处置、评估 5 种能力，推进"一个平台 +8 个重点场景 +11 个常用场景"项目群建设。除了大型石油企业公司全面推进数字化转型外，中小型公司也基于其能力擅长，推动石油石化行业的数字化转型。例如，飞算数智科技（深圳）有限公司利用 SoFlu 软件机器人，将 CMMI、敏捷开发、DevOps 等管理模式有效落地，将代码质量、安全规范、流程标准等原来需要靠人管控的部分全部交给机器人管理，助力中国石油重构大型商城系统，解决了开发长支出大的问题。

▶ 专栏 4

飞算数智科技（深圳）有限公司——SoFlu 软件机器人助力中国石油重构大型商城系统案例

1. 案例解决的核心问题

随着国有企业数字化转型的深入，中国石油需要构建一个大型电商平台。经过评估，如果用传统开发模式进行重构，需要 27 人、330 多天才能完成，在时间上不能满足企业业务发展需求。

2. 案例的优点

SoFlu 软件机器人是全球首款面向微服务架构设计和最佳实践的软件机器人，通过可视化拖拽方式及参数配置就能实现等同于编写复杂代码的业务逻辑，在设计业务逻辑时就完成了微服务应用开发，正所谓"业务即图，图即代码"，该软件机器人极大地降低软件开发的门槛，中国石油信息化团队仅用 9 人和 5 个 SoFlu 软件机器人耗时 45 天就完成了复杂度远超普通电商平台的系统重构，且可以保证平台稳定运行。

3. 案例应用情况及取得的成效

对于企业内部软件开发人员管理难、项目管理难的问题，SoFlu 软件机器人将代码质量、安全规范、流程标准等原来需要靠人管控的部分全部交给机器人管理，保证员工所有的流程动作都是按照统一的规范来完成，并且保证系统是符合等保三级的质量标准，全面提升软件生产效率，降低管理成本和人力成本，全面扫除中国石油实现软件自主研发之路的障碍。同时，中国石油可以将开发技术成果、知识经验等沉淀在企业，成为其自身的技术资产。

（详见案例篇 – 案例 4）

6.2.3 钢铁行业数字化转型成果丰硕

目前，钢铁行业数字化水平明显提升。两化融合公共服务平台数据显示，2021 年我国冶金行业两化融合指数达到 59.9，生产设备数字化率达到 51.8%，关键工序数控化率达到 70.1%。数字化应用场景不断增多。在政府和企业的双重努力下，中国钢铁工业已形成平台化设计、智能化制造、个性化定制、服务化延伸、数字化管理及网络化协同六大应用模式，覆盖几十个典型应用场景，智慧矿山、智能车间、智能仓储、智能在线检测、智慧物流等数字化应用场景不断增多，应用效果良好。在工业和信息化部 2022 年度智能制造优秀场景名单中，酒泉钢铁（集团）有限责任公司的"智能协同作业"项目、陕钢集团汉中钢铁有限责任公司的"能耗数据监测"项目、河北纵横集团丰南钢铁有限公司的"污染监测与管控"项目、鞍钢集团朝阳钢铁有限公司的"工艺动态优化"项目、宁波钢铁有限公司集团的"先进过程控制"项目共 5 个项目跻身其中。中国龙头骨干钢铁企业积极拥抱数字化、网络化、智能化，数字化转型发展成效明显，走在行业前列。目前，国内超过 80% 的钢铁企业已经在推动智能制造，钢铁行业龙头骨干企业已基本完成产线级基础自动化、过程控制系统、生产执行系统、制造管理系统自上而下纵向集成的 4 级体系，实现了能耗数据检测、智能生产、工艺优化、废钢智能检测等多场景的智能应用。例如，河钢数字技术股份有限公司的基于人工智能技术的智能废钢验质系统致力于解决工业化进程中废钢产生量和钢铁冶炼消耗量快速增加、传统废钢验质受人为主观因素影响较大，无法形成量化的评价结论及很好的数据分析的问题。

专栏 5

河钢数字技术股份有限公司——基于人工智能技术的废钢智能验质系统案例

1. 案例解决的核心问题

河北钢铁集团舞阳钢铁有限责任公司是我国首家宽厚钢板生产和科研基地，致力于解决工业化进程中废钢产生量和钢铁冶炼消耗量快速增加、传统废钢验质受人为主观因素影响较大，无法形成量化的评价结论及很好的数据分析的问题。

2. 案例的优点

带来了经济效益和社会效益，如智能废钢验质系统的上线提高了现场工作的运行效率，更是从根本上断绝了验质受主观意识影响，有助于贯彻循环经济推动"双碳"战略和打造行业标准。

3. 案例应用情况及取得的成效

河钢数字技术股份有限公司建立了一套解决方案的系统架构，该系统的功能架构包括设备层、数据层、服务层、应用层四大层，设计了一套软硬件需求及技术方案，即通过在各钢企验质点部署硬件摄像头等配套设备，实现视频、图片的采集、传输、存储，为智能废钢定级系统提供数据支撑。设计了一套合理有效的商业模式，同时储备了数据目录及数据治理方案，建设了一套废钢判级专网用于视频及抓拍图片的传输，网络采用全千兆接入，并依据钢铁原料工厂安全需求，实现安全策略和安全域的动态调整，增加安全认证、加密等安全机制保障网络传输安全；构建涵盖整个工业系统的安全管理体系，实现对工业生产系统和商业系统的全方位保护。

（详见案例篇 – 案例 5）

6.2.4　食品行业数字化转型持续向好

在双循环和新消费时代下，食品及加工行业从生产到销售整个产业链的发展模式正在发生深刻变革，从生产源头到消费终端环节都与互联网进行融合，智慧化工厂、网络信息化矩阵集群式推广、数字化车间日益成为食品行业中的发展热点。以数字化、信息化、智能化为突破口，深入推进食品及加工企业的数字化转型，打造数字化供应链，逐步形成产业链上下游和跨行业融合的数字化生态体系。

食品行业发展趋势有以下几个关键点。一是食品安全追溯体系建设：开发应用可追溯信息技术，建立集信息、标识、数据共享、网络管理等功能于一体的食品可追溯信息系统。实现覆盖制造全流程的质量管理，从原料、生产、配送到货架的产品全程跟踪追溯，满足严格的食品安全和质量的要求。二是生产流程智能化，生产执行精益化。生产配方和工艺实现标准化与智能操控，降低物料消耗和不良品率，提高制造现场管控水平。实时诊断生产问题，定位异常环节并自动告警。通过机器学习，优化制造流程，降低生产成本，减少能源消耗。例如，泰尔英福食品可信溯源平台案例则充分围绕食品安全溯源问题展开，保障了食品安全，提升了食品企业数字化水平，降低了企业生产及经营成本。泰尔英福食品可信溯源平台基于工业互联网标识解析体系，针对食品全流程进行了追溯，解决了食品安全问题，降低了企业成本，有效改善了漯河食品的数字化能力。

> **专栏 6**

泰尔英福食品可信溯源平台案例

1. 案例解决的核心问题

食品工业在我国现代工业体系中处于关键地位，食品溯源作为保障食品安全、加强食品监管能力的手段越来越受到政府和社会的关注和重视。传统食品追溯平台存在诸多问题，包括业务流程信息不畅通，实时化监管较难实现；缺乏统一标准，数据壁垒存在，数据难以有效利用；系统升级维护难，成本不可控等。

2. 案例的优点

基于工业互联网标识解析体系，对食品原材料、产品等进行赋码，把食品整个流通环节数据上传至星火·链网平台存证，保证数据的权威性。基于追溯数据，提供统一的数据服务，防伪、打假等追溯应用可以通过统一的接口和协议使用数据。平台建设过程中，现有追溯系统仍然保留，通过标准接口或适配方式接入统一平台，并使用基于标识的数据标准实现数据采集和接入，整合后统一对外提供服务。

3. 案例应用情况及取得的成效

泰尔英福食品可信溯源平台在漯河市落地应用，漯河市食品可信溯源平台项目的实施，有效提高漯河市食品企业的数字化水平，降低企业生产及经营成本，提升企业的竞争力，吸引更多生态企业入驻，提升数字化产业规模，扩大河南省食品产业在全国的影响力。同时，有利于提升行业主管部门监管及决策能力，服务经济社会发展。在南街村集团的食品溯源平台的应用案例中，在线管理经销商返利 2000 余万元，运费节省 60 余万元，后勤人员精简 10 人，生产管理降本增效 100 余万元。

6.2.5　采矿行业数字化转型成效明显

采矿行业是对生产效率、安全监控都要求极高的行业，近年来由于矿石品位下降、劳动力成本上升、管理难度增大等内外部因素影响，矿业企业亟须采取数字化升级措施来提高生产效率、优化运营管理、防范安全隐患，以保证企业的竞争能力与生产安全。近年来，矿业行业数字化建设有了显著的发展，并将继续推进和适应全球矿业企业的需求，为智慧矿山建设发挥越来越重要的支撑赋能作用。通过数字化，矿业企业能够在包括生产能力、盈利能力、运行效率和安全性在内的关键领域取得积极成果。《中国工业互联网产业经济发展白皮书（2022 年）》数据显示，2021 年工业互联网带动采矿业的增加值规模为 1929.56 亿元，名义增速达到 5.30%，预计 2022 年，增加值规模为 1998.27 亿元。采矿业的发展对国民经济发展尤为重要，"5G+ 工业互联网"加速落地，推动了采矿业的革新。其通过 5G 技术对掘进机、挖煤机、液压支架等综采设备的实时远程操控，实现了对爆破全过程的高清监测与控制，改善采矿业一线工人的工作环境，大幅降低人工作业安全风险；同时，工业互联网在采矿业的应用范围和场景不断延展，如设备协同作业场景的应用，通过搭建 5G 网络，融合北斗高精度定位、车联网技术等实现了无人矿车的自动驾驶、集群调度，实现降本增效、安全生产。工业互联网与采矿业的深度融合不断提高矿山行业安全生产水平，推进以降本增效为核心的产业升级，全面推动矿山行业数字化转型。例如，龙采科技集团的智慧矿山项目则针对矿山生产中的安全问题进行了智能化解决，针对整个生产过程从实时生产工况、设备在线监测诊断、行人行车检测、水仓积水检测、皮带卡堵检测等多个环节建立数字化系统，进行实时感知，极大提高了安全效率和生产效率。

专栏 7

智慧矿山项目助力采矿行业产业数字化转型升级

1. 案例解决的核心问题

主要针对矿山成产中的安全问题进行智能化解决。当前最主要的隐患问题是矿山生产无法真正实现封闭式管理，存在人员闯入运行区间发生意外的风险。智慧矿山较大程度提升了安全生产系数，完善了矿山生产过程中的安全管理。

2. 案例的优点

结合了信息技术、传感器技术和数据通信技术等多种先进技术，将软件与硬件和大数据的新一代信息技术与传统煤炭行业相结合，帮助矿山的安全管理进入"智能"阶段。可在矿山生产和运输的过程中对人员，车辆、设备，以及信息等进行智能管理和安全管控。

3. 案例应用情况及取得的成效

智慧矿山建设使生产效率可提高 30% 以上，安全效率可提升 60% 以上，同时生产质量和效率的提高可大幅降低生产成本。例如，霍州煤电店坪煤矿生产监管项目，通过热成像仪与摄像仪对现场进行监控，一旦有人员误入，报警并发送停车信号。无线基站进行信号传输，速度快、效率高、稳定性强，最终触发开关控制停止车辆运行，有效防控人员误入引发的伤亡。全面监控和解决生产过程中的安全生产问题，保证人员安全，减少人员参与，提高生产管理水平。

6.3　工业互联网成果显著

当前，全球新一轮科技革命和产业革命蓬勃兴起，工业互联网技术持续突破，为各国经济发展注入新动力，成为全球各国抢占新一轮科技革命战略制高点的主要阵地。党中央、国务院高度重视工业互联网发展，政府报告中连续 5 年提到发展工业互联网，我国工业互联网创新发展正稳步推进。《2022 年通信业统计公报》数据显示，2022 年，全国"5G+工业互联网"工程在建项目总数超过 4000 个。工业和信息化部已发布 218 个工业互联网试点示范项目和 4 个产业示范基地，在全国范围打造车间级、企业级、集群级等工业互联网应用样板新标杆，不断做大做强工业互联网主导产业链。当前我国工业互联网产业发展态势良好，产业规模持续攀升，渗透效应显著，生态日益完善，应用场景和重点行业实践不断深化，逐渐步入创新发展新阶段。

6.3.1　工业互联网整体发展态势良好

工业和信息化部数据显示，截至 2022 年底，反映产业数字化水平的重点工业企业关键工序数控化率和数字化研发设计工具普及率分别达到 58.6%、77%，重点工业互联网平台连接设备超过 8100 万台（套），已在原材料、消费品、装备等 31 个工业重点门类广泛部署，覆盖国民经济 45 个行业大类，具有影响力的工业互联网平台超过 240 家。工业互联网应用从生产过程管控、设备管理等延伸至产品研发设计、制造、工艺优化、产业链供应链管理等各个环节。基本形成综合型、特色型、专业型的多层次工业互联网平台体系。平台化设计、数字化管理、智能化制造、网络化协同、个性化定制、服务化延伸六大模式新业态蓬勃发展。

从总体发展态势来看，工业互联网产业增加值规模持续攀升。《中国工业互联网产业经济发展白皮书（2022 年）》数据显示，2021 年工业互联网产业增加值规模达到 4.10 万亿元，名义增速达到 14.53%，占 GDP 比重达到 3.58%，高于 GDP 增速。2018—2021 年，增加值规模增长了 46.95%，年复合增速达 10.1%。预计 2022 年工业互联网产业增加值规模将达到 4.45 万亿元，占 GDP 比重将上升至 3.64%（图 6.1）。

图 6.1　我国工业互联网产业增加值规模、占 GDP 比重

（数据来源：《中国工业互联网产业经济发展白皮书（2022 年）》）

《2022 工业互联网平台发展指数报告》数据显示，2020—2022 年工业互联网平台对人、机、物、场等全要素连接能力稳步提升。2022 年工业模型数量增速超 60%，其中数据算法模型和研发仿真模型总计占比超过 64%。工业应用呈现场景丰富化、品类多样化发展趋势，应用活力指数达到 222，增幅为 14.95%。重点平台工业 APP 数量扩大至 29.11 万个，较 2021 年增长 54.16%，进入快速增长期。工业互联网平台赋能工业企业成效凸显，2022 年企业赋能指数达到 213，增幅为 38.31%。其中，所服务企业数量较 2021 年增长 87.82%，连续 3 年实现快速增长。

6.3.2　工业互联网直接产业规模持续攀升

在市场和政策的积极推动下，工业互联网产业规模逐渐扩大，产业体系不断完善。工业互联网直接产业涵盖工业互联网网络、平台、安全、数据相关产业，是工业互联网发展的关键驱动力量。

《中国工业互联网产业经济发展白皮书（2022 年）》数据显示，2021 年我国工业互联网直接产业增加值规模为 1.17 万亿元，名义增速为 16.07%，预计 2022 年，我国工业互联网直接产业增加值规模将达到 1.30 万亿元，名义增速达到 10.95%。其中，直接产业相关平台、网络、数据、安全四大产业增加值规模分别达到 4534.38 亿元、3829.35 亿元、2146.12 亿元、1165.36 亿元，名义增速均超 10%。平台产业贡献占比最大，达到 39%；网络产业次之，占比达到 33%，产业结构初具雏形，已形成平台、网络产业领跑，数据、安全产业日渐繁荣的产业发展格局（图 6.2）。

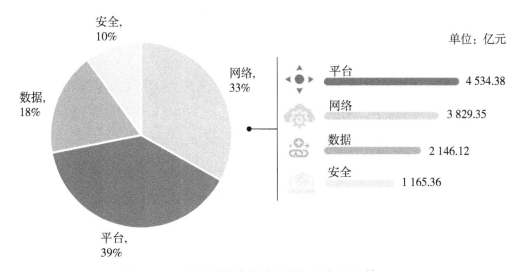

图 6.2　工业互联网直接产业增加值与占比情况

（数据来源：《中国工业互联网产业经济发展白皮书（2022 年）》）

从增速来看，2021 年工业互联网的平台、安全、网络、数据产业名义增速分别达到 23.49%、17.28%、16.23%、10.79%。工业互联网网络产业稳健增长，向高质量发展挺进。充分表明 2021 年我国工业互联网平台发展突飞猛进，正处在快速扩张期（图 6.3）。

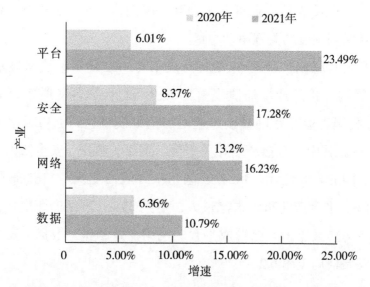

图 6.3　工业互联网平台、安全、网络、数据产业增速情况

（数据来源：《中国工业互联网产业经济发展白皮书（2022 年）》）

2021 年，工业互联网带动直接产业新增就业为 54.85 万人。预计 2022 年，工业互联网将带动直接产业新增就业 36.01 万人。工业互联网稳定就业增长、优化就业结构效果显著（图 6.4）。

在工业互联网直接产业方面，2021 年全国 31 个省（自治区、直辖市）中，工业互联网带动直接产业增加值规模较高的 5 个省（市）分别是广东、江苏、北京、浙江、四川，产业增加值规模分别达到 1896.86 亿元、1451.28 亿元、996.46 亿元、988.92 亿元、732.99 亿元（图 6.5）。

图 6.4　2021 年全国 31 个省（自治区、直辖市）工业互联网直接产业就业人数

（数据来源：《中国工业互联网产业经济发展白皮书（2022 年）》）

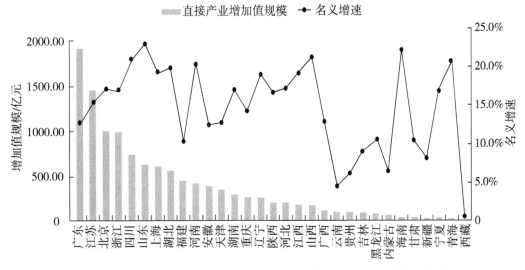

图 6.5　2021 年全国 31 个省（自治区、直辖市）工业互联网直接产业

增加值规模及名义增速

（数据来源：《中国工业互联网产业经济发展白皮书（2022 年）》）

6.3.3　工业互联网渗透效应显著

从发展水平、产业渗透、带动就业和区域发展的层面，工业互联网渗透率呈现稳中向好的局面。

从发展水平来看，工业数字经济渗透率逐年稳步提升。2018—2021 年，中国工业数字经济渗透率稳定增长，渗透率不断提高。其中，2019 年中国工业数字经济渗透率为 19.5%；2020 年中国工业数字经济渗透率增加到 21.0%，比 2019 年增加了 1.5 个百分点；到 2021 年中国工业数字经济渗透率达到 22.5%，比 2019 年增加了 3 个百分点，比 2020 年增加了 1.5 个百分点（图 6-6）。

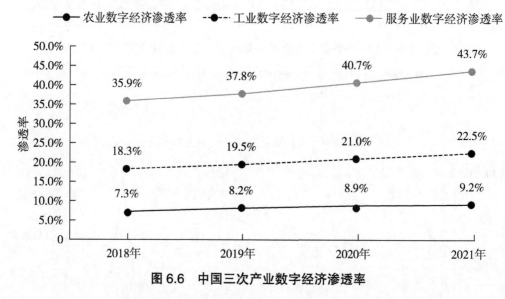

图 6.6　中国三次产业数字经济渗透率

（数据来源：信通院《中国数字经济发展报告（2022）》）

从三次产业对比来看，工业互联网渗透率尚需进一步提升。由于工业本身具有门类庞大、种类多样、工业场景复杂、生产流程漫长、离散制造和流程制造分布差异大等特点，因此工业互联网的数字化转型具备高度复杂性，渗透程度仍需进一步加强。

从垂直领域看，工业互联网服务商从单一赛道逐渐向更多细分领域拓展。从全产业链看，工业互联网逐渐渗透至全产业生命周期。从工业场景来看，数字化转型与行业关键场景结合度逐步提升，形成可复制、已推广的解决方案。

从融合应用方面来看，工业互联网已逐步由龙头扩展至中小企业，覆盖行业也已涵盖 45 个国民经济重点行业，且渗透进一步加速，有力支撑各产业融通发展。《中国工业互联网产业经济发展白皮书（2022 年）》数据显示，2021 年，我国工业互联网渗透产业增加值规模为 2.93 万亿元，名义增速为 13.94%。预计 2022 年工业互联网渗透产业增加值规模将达到 3.16 万亿元。

工业互联网正在促进渗透产业生产效率的提升和劳动分工优化，新产业、新业态、新模式快速发展，新的就业增长点不断涌现，工业互联网带动新增就业人数增加。如图 6.4 所示，2021 年渗透产业新增就业人数为 54.85 万人。预计 2022 年，工业互联网拉动就业总人数将达到 2908.71 万人，渗透产业新增就业人数为 36.01 万人。

工业互联网带动各省渗透产业逐步优化。如图 6.7 所示，工业互联网带动渗透产业增加值超过 1000 亿元的省份多达 10 余个。规模较高的前 5 名是广东、江苏、山东、浙江、河南，产业增加值规模分别达到 3280.50 亿元、3136.52 亿元、2148.12 亿元、1971.14 亿元、1514.47 亿元，其中广东、江苏、山东、浙江分别为沿海工业大省。

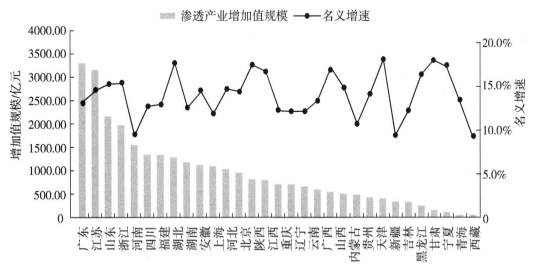

**图 6.7　2021 年全国 31 个省（自治区、直辖市）工业互联网
渗透产业增加值规模及名义增速**

（数据来源：《中国工业互联网产业经济发展白皮书（2022 年）》）

6.3.4 工业互联网平台生态日益完善

工业互联网创新发展战略实施以来，融合应用持续深化、应用渗透率快速提升、覆盖面不断扩大、创新模式持续涌现。工业互联网一方面加速纵向领域生态构建，进行全产业链的数字化改造，提升全产业链创新发展水平；另一方面进行横向生态扩展，由制造业向实体经济各领域广泛延伸，促进不同产业、不同规模企业融通发展。在相关政策支持下，我国工业互联网平台建设参与主体呈现多元化特点。制造业企业、互联网企业和 ICT 企业分别基于各自比较优势，从多领域与场景搭建工业互联网平台，沿用多路径扩展生态，平台数量快速增加，多层次系统化的工业互联网平台体系已经初步形成，在核心技术、运营管理、商业模式等方面取得快速进展。

具体而言，制造业企业依托垂直行业领域经验进行横向拓展，推动跨领域解决方案。将自身数字化转型经验转化为服务能力，并进行横向拓展，通过平台汇聚产业链各个环节资源，横向复制至其他行业，为多行业企业提供相关解决方案。例如，华润集团润联 Resolink 工业互联网平台以工业互联网云平台、工业软件为依托，构建机、人、碳等关键要素的全面互联。现已横跨 12 个行业，供应链管理、生产制造、仓储物流等 9 大重点领域，实现千万级工业设备连接、搭载千余个工业 APP 和工业机理模型。ICT 企业则依托 IT 技术优势，深挖数字能力，向制造领域延伸，实现数实融合。例如，百度开物工业互联网平台依托百度强大的互联网能力，以"AI+工业互联网"为特色，以平台为载体，开展应用创新，并结合行业工业知识、机理和经验开展服务创新，扩宽了平台应用场景，加速企业转型步伐。助力传统制造业实现数字化、智能化升级。为制造、能源、水务等工业企业、产业链和区域产业集群提供云智一体的整体解决方案，目前与超过 22 个行业的 300 多家标杆企业建立合作。

6.4 中国工业数字化转型趋势展望

伴随着工业化与信息化的深度融合，工业数字化转型稳步推进。预计工业数字化将进一步同技术深度融合，加速推动制造业的数字化、智能化，推动全产业链、全价值链的泛在深度互联，构建起全面互联的产业生态，实现跨层级、跨地域、跨领域、跨企业的协同发展新模式，优化创新主体协作模式，大幅提高资源利用效率，带动全产业链生产效率提升。工业互联网平台应用程度的进一步增强，也会形成以海量数据采集、处理、分析、使用全流程的新型制造服务体系，催生智能化生产、预测性维护、全流程质量管控、虚拟仿真等数实融合的新型生产方式。

6.4.1　工业数字化与技术深度融合

AIGC 等人工智能技术加速与工业融合，成为工业数字化转型的重要驱动因素。随着全球经济迅速发展，工业制造正在经历数字化、智能化和自动化的全面转型。在这个过程中，人工智能技术发挥着越来越重要的作用，渗透至制造流程的各个环节，实现高效率、低能耗并行的智能制造。在研发设计方面，能有效降低研发成本、提高研发效率，加速科学研究进程与科技成果的工程化、产业化；在生产制造方面，可实现对设备、生产线、车间乃至整个工厂全方位的无缝对接、智能管控，最大限度地优化工艺参数、提高生产线效率和质量，减少浪费和损失；在品控管理方面，可提升质检效率和水平，有效提升良品率。AIGC 等人工智能技术的出现，也为工业生产带来了更加优化的解决方案。人工智能技术正通过自然语言处理、机器学习等高级技术来更好地应对人工智能增强业务的需求，帮助企业提高汇总数据的质量、实现高效数据处理，加快数字化转型速度。此外，人工智能技术在生产流程追踪、故障检测和智能分析等方面持续发挥重要作用，进一步推动了工业生产的智能化和自动化。随着 AIGC 等人工智能技术的不断创新，工业制造企业将不断加快数字化转型的步伐，带来更加智能化和高效的生产方案，推动工业数字化转型不断深化，并在全球市场竞争中走在前列。工业和信息化部统计数据显示：截至 2022 年 9 月，我国人工智能十大领域专利申请总数约为 110 万件，其中深度学习相关专利呈现爆发式增长。2016—2021 年深度学习专利申请年均复合增长率达到 53%。随着 AIGC 模型的通用化水平和工业化能力的持续提升，将极大降低内容生产和交互的门槛和成本，"AIGC+"有望深度赋能数字中国发展。

6.4.2 工业互联网平台应用进一步加强

工业互联网作为推动工业数字化转型的重要抓手，平台化程度和场景化程度将进一步提升。工业数字化转型以工业互联网平台为重要依托，持续推动平台在应用中实现功能优化和升级迭代，以平台化、体系化、场景化的方式提供工业互联网新技术、新应用及解决方案，聚焦各类工业企业数字化转型需求。行业头部企业依托先发优势，经过多年先行试点，以工业互联网平台为应用支撑，以供应链、产业链为牵引，以共性场景为突破点，通过提供全流程、全场景的平台建设与咨询服务，以及构建"平台＋服务"模式，由点到线至面带动更多行业企业协同转型，显著推动行业数字化转型。未来随着工业互联网服务体系日益完善，技术门槛与融合成本也将大幅降低，中小企业也将加速融入工业互联网平台体系，工业互联网融合程度将进一步提高。随着全国各类园区、基地、产业集群等进一步融入工业互联网平台，新的场景需求推动数实融合持续深化，"平台＋园区""平台＋基地"等新型融合发展模式也将加速工业互联网转型进程。同时工业互联网平台接入各类生产要素，在设备上云、新模式培育、产业链协同等方面，具有共性需求大、应用场景丰富等特点，也将进一步吸引各行业、各领域、各规模的企业加入。随着工业互联网融合企业、融合场景、融合要素的进一步提升，工业互联网平台化、场景化也将持续发展，加速工业互联网整体转型升级。

6.4.3 上下游协同提升推进工业数字化

数字智能时代，产业链协同程度进一步提升，产业链条相关企业、数据、智能设备进一步融合，上下游企业实现进一步密切协同，提升产业链韧性。产业链协作解决企业间交易效率问题，智能制造解决企业内部生产效率问题，同时增强全产业链风险预警和应急处置能力。供应链上所有成员在采购、生产、销售、研发、金融等方面实现协同管理。通过智能产销平衡测算、智能项目预算管理、智能排产等进一步优化企业采购、生产、销售规划，与上下游企业分享预测、订单、库存等信息，同时与上下游企业进行协同计划和补货。例如，全业务流的智能化、透明化和数据实时化，实现全部零部件的全流程质量追溯，提升物流效率与运转质量，确保交期、质量与生产排程合理性。同时制造企业的生产线处于高速运转状态，时时刻刻都产生大量的生产数据，智能生产数据分析高效辅助管理者做出合理的经营决策，智能匹配产业链上下游，进一步带动生产效率，持续优化现有的数字化工业生产流程，实现向智能化制造的进化。助力产业链上下游企业协同创新，提升数字化、网络化、智能化发展水平。

6.4.4 产业生态构建完善工业数字化

伴随工业数字化创新发展步入发展新阶段，工业数字化逐渐面向千行百业，生态逐渐壮大，并逐步向应用场景更加丰富、赋能行业更加广泛、应用环节更加深入、产业生态更加完善的方向迈进。第一，各领域主体将不断涌入，各行业龙头企业如华为、百度、华润、徐工加快工业互联网平台建设，中小企业也纷纷拥抱数字化，充分融入工业数字化浪潮，扩大工业数字化产业生态，推动工业数字化转型。第二，新生态加速构建，用友网络、蓝卓等工业基础软硬件企业不断深化数字业务集成，打造强强联合的生态化服务体系，有效扩大了生态的进一步构建。同时，企业跨行业并购进一步加速，企业巨头并购工业软件公司数量显著增加，进一步推动平台生态重构。第三，各领域企业将依托自身优势进一步推动建立全新产业生态。制造业企业如徐工、华润等依托行业垂直领域经验延长制造链条，推动建立全新产业生态。ITC 企业如百度、阿里巴巴、华为等依托数字技术优势进一步强化融合应用。ICT 企业充分发挥 AI 技术优势，打造工业智能应用，加速技术转化落地，助力产业数字化，构建开放创新生态，推动数字基础建设，搭建生态体系。第四，基于跨领域跨平台的工业互联网产业协调联动，融合创新，生态圈将进一步拓展，场景和层级进一步丰富，进一步实现数字世界和物理世界的融合，完成全要素、全价值链、全产业链数字化转型，成为深度融合传统行业与新兴技术的"智慧体"，实现数字化能力的泛在部署，使生产潜能得到极大发挥。第五，伴随着政产学研金等各界协同提高，在技术研发、项目孵化、人才培育、商业模式创新等方面形成合力，工业互联网平台技术进一步创新，加快构建开源创新新生态。

第7章 服务业数字化转型
助力经济快速复苏

　　3年疫情下，全球经济增长乏力，线上化、数字化成为经济及社会发展主旋律。供给侧结构性改革及"双循环"新发展格局下，提振内需成为重要方向，得益于我国良好的数字基础设施，疫情期间服务业为我国社会运转提供了重要支撑。国家统计局数据显示，2022年中国GDP增长率为3%，其中服务业增加值同比增长2.3%；2022年我国社会消费品零售总额稳定在44万亿元左右，其中网上商品零售额达到12万亿元，占比为27.27%，内需市场表现出强大韧性。在三次产业中，服务业已经摆脱了辅助和从属地位，成为我国经济第一大产业，也是我国经济稳定的重要基础。加快服务业数字化转型，推动服务智能化、个性化、网络化，既是立足于我国当前的及时之需，也是助力推进数字中国、智慧社会的应有之义。服务业可以通过数字化转型发挥数据要素价值、推动供需精准匹配，提高资源配置效率、提升管理决策效率、拓展发展空间，实现更好更快发展。

7.1 各级政府高度重视服务业数字化转型

　　围绕"十四五"规划和2035年远景目标，中央政府出台系列规划建议推进并指导服务业数字化转型，地方政府纷纷出台相应政策措施，配合落实服务业数字化转型落地，不断促进服务业数字经济持续快速发展并涌现出一批新模式、新业态。

7.1.1　出台系列政策措施推动服务业数字化转型

主要围绕"十四五"规划及地区发展规划,对服务业转型方法及路径提供具体意见,同时,还为各行业数字化转型提出规范性、路径性引导。

一是与"十四五"规划相结合,广泛推进服务业各领域的数字化转型。2022 年 1 月国家出台首部面向数字经济领域的顶层规划《"十四五"数字经济发展规划》,同时面向服务业各行业、各领域密集出台 20 余份专项规划,均将数字化、网络化、智能化作为重点发展方向。例如,《"十四五"电子商务发展规划》指出,要"大力拓展文旅、医疗、教育、体育等便捷化线上服务应用""鼓励餐饮外卖、共享出行等领域商业模式创新和智能化升级",助推服务业的数字化改造;《"十四五"旅游业发展规划》提出,加快推进以数字化、网络化、智能化为特征的智慧旅游,深化"互联网 + 旅游",扩大新技术场景应用;《"十四五"对外贸易高质量发展规划》提出,要大力发展数字贸易,建立健全数字贸易促进政策体系,探索发展数字贸易多元化业态模式。《"十四五"现代综合交通运输体系发展规划》提出,推动互联网、大数据、人工智能、区块链等新技术与交通行业深度融合,推进先进技术装备应用,构建泛在互联、柔性协同、具有全球竞争力的智能交通系统。此外还包括《"十四五"信息通信行业发展规划》《"十四五"软件和信息技术服务业发展规划》《"十四五"大数据产业发展规划》《"十四五"健康老龄化规划》《"十四五"文化和旅游科技创新规划》等。

二是对转型方法及路径提供具体意见,指导服务业数字化转型。除了顶层谋划外,还为各行业数字化转型提出规范性、路径性引导。例如,2021 年 5 月开始实施的《网络直播营销管理办法(试行)》提出,对直播营销平台、直播运营和营销人员及服务机构等网络直播营销主体责任和义务进行了具体规范;2021 年 8 月印发的《商贸物流高质量发展专项行动计划(2021—2025)》提出,着力提升商贸物流网络化、协同化、标准化、数字化、智能化、绿色化和全球化水平;2021 年 5 月印发的《关于推进城市一刻钟便民生活圈建设的意见》、2022 年 4 月印发的《商务部办公厅等 10 部门关于开展第二批城市一刻钟便民生活圈建设试点申报工作的通知》提出，鼓励商业与物业、消费与生活、居家与社区等场景融合，实现业态多元化、集聚化、智慧化发展；2022 年 5 月，中共中央办公厅、国务院办公厅印发的《关于推进实施国家文化数字化战略的意见》指出，到"十四五"时期末，基本建成文化数字化基础设施和服务平台，基本贯通各类文化机构的数据中心，基本完成文化产业数字化布局，公共文化数字化建设跃上新台阶，形成线上线下互动、立体覆盖的文化服务供给体系。2022 年印发的《中国银保监会办公厅关于银行业保险业数字化转型的指导意见》提出，积极发展产业数字金融、大力推进个人金融服务数字化转型，充分利用科技手段开展个人金融产品营销和服务，拓展线上渠道，丰富服务场景，加强线上线下业务协同等内容。

三是将服务业数字化转型内嵌于地区发展规划。与数字经济规划、"十四五"规划、地区发展规划紧密结合。例如，《天津市加快数字化发展三年行动方案（2021—2023 年）》提出，到 2023 年建成 10 个市级生产性服务业数字化集聚区、10 个市级生活性服务业数字化集聚区、20 个市级标志性特色数字化园区和一批专业化数字主题楼宇，引育 10 家左右数字服务业创新型头部企业和领军企业、50 家左右高成长性数字服务业企业；《河北省数字经济发展规划（2020—2025 年）》提出，深入推进"上云用数赋智"行动，构建生产服务 + 商业模式 + 金融服务的数字化生态体系；《数字辽宁发展规划（2.0 版）》提出，加快发展智慧政务、智慧教育、智慧医疗、智慧物流、智慧交通、智慧金融；《宁夏回族自治区数字经济发展"十四五"规划》提出，到 2025 年，数字基础设施基本完善，数字产业化体系初步形成，特色农业、新型材料、绿色食品、清洁能源、文化旅游等重要领域和重点行业数字化转型基本完成。

四是地方制定专门的服务业数字化转型计划。2021 年山东发布《山东省服务业数字化转型行动方案（2021—2023 年）》，提出开展医疗健康、电子商务、文化创意、精品旅游等生活性服务数字提升行动。开展科技研发、智慧物流、商务服务、金融服务等生产性服务数字赋能升级；2022 年北京发布《北京市生活服务业数字化转型升级工作方案》，提出将以北京市餐饮、便利店、蔬菜零售、家政等业态为重点，围绕数字化运营全链条，"一业一策"提升生活服务行业数字化营销、管理和供应链水平。

此外，对于数字经济较为活跃的地区，既有宏观规划又有专项规划。如江苏先后出台了《江苏省"十四五"现代服务业发展规划》（2021 年 7 月）、《关于全面提升江苏数字经济发展水平的指导意见》（2022 年 2 月）、《江苏省生产性服务业十年倍增计划实施方案》（2022 年 12 月）等。

7.1.2　各地服务业数字经济发展的特征

在中央和地方服务业数字化转型政策的支持下，各地服务业数字经济持续快速发展，并且呈现不同的特征。

一是需求拉动服务业数字经济发展。例如，上海和浙江需求和供给端共同发力拉动服务业数字经济发展。从需求来看，服务业数字经济的发展离不开活跃的消费市场。《上海商业发展报告（2022）》数据显示，上海服务业数字需求旺盛，从网上零售来看，2021 年上海网上商店零售与无店铺零售齐头并进。网上商店零售额为 3365.78 亿元，增长 20.8%，占社会消费品零售总额的比重为 18.6%；无店铺零售额为 3738.79 亿元，增长 18.0%。上海市统计局发布数据显示，2022 年前三季度，尽管全市社会消费品零售总额为 11 864.63 亿元，比去年同期下降了10.7%，但上海网上商店零售额达到 2491.94 亿元，占社会消费品零售总额的比重为 21.0%，比去年同期提高 3.1 个百分点。浙江同样展现出旺盛的数字经济市场需求。为了推动浙江全省生活性服务业的数字化转型，浙江制定了《浙江省数字商贸建设三年行动计划（2020—2022 年）》，提出争取到 2022 年，全省网络零售额实现 2.5 万亿元，网络零售额相当于社会消费品零售总额的比值达到 80% 以上。浙江省商务厅数据显示，2022 年 1—10 月，浙江实现网络零售 19 789.7 亿元，同比增长 7.5%；省内居民网络消费 10 180.9 亿元，同比增长 6.7%；网络零售顺差9608.9 亿元。

二是政策驱动服务业数字经济发展。服务业数字化转型离不开国家、地区强有力的政策扶持。各地区纷纷出台了强化数字经济发展的政策，但是部分地区对于服务业的扶持是内嵌在产业政策中的，北京和山东两地专门出台了明确的服务业数字化转型的方案。山东于 2021 年发布《山东省服务业数字化转型行动方案（2021—2023 年）》。北京则于 2022 年发布《北京市生活服务业数字化转型升级工作方案》。

三是产业支持服务业数字经济发展。服务业数字经济的发展也要依托地区的产业和经济优势。有产业和经济优势的地区更容易实现服务业数字经济的发展。深圳依托信息技术产业基础，吸引了包括百度、阿里巴巴等一批互联网企业和电子信息产业的入驻，这为深圳服务业数字化转型奠定了坚实的产业基础和经济优势，据此，深圳涌现了诸如金融云服务平台、物联网等一批新业态。杭州更是聚焦人工智能、跨境电商、数字经济、金融科技等主导产业，加快自贸试验区建设。天眼查《2022 中国数字经济主题报告》数据显示，杭州已集聚了全省 36% 的人工智能核心企业，创造了占全省 1/3 跨境电商出口知名品牌、全国 2/3 出口零售平台和全国七成跨境电商支付交易额。同时，2022 年 1—7 月，在自贸试验区带动下，杭州数字贸易额占全省比重达 41.8%。此外，杭州还拥有 2 家年营收超千亿元级数字经济企业、20 家超百亿元级企业，居全国之首。这些都为杭州服务业数字经济转型提供了优良的产业磐石。

7.2　中国服务业数字经济渗透率逐年增长

从整体规模、产业渗透和国际格局的层面看，中国服务业数字经济渗透率稳步提升，且在三次产业中最高，服务业数字化水平与全球发达经济体的差距不断缩小。

第一，从整体水平来看，服务业数字经济渗透率逐年稳步提升。2018—2022 年，中国服务业数字经济渗透率保持较快速度增长，渗透率不断提高。如图 7.1 所示，2019 年中国服务业数字经济渗透率为 37.8%；2020 年中国服务业数字经济渗透率增加到 40.7%，比 2019 年增加了 2.9 个百分点；2021 年中国服务业数字经济渗透率达到 43.1%，比 2020 年增加了 2.4 个百分点；2022 年中国服务业数字经济渗透率达到 44.70%，比 2021 年增加了 1.6 个百分点。

第二，从三次产业来看，服务业渗透率在三次产业中最高（图 7.1）。一般认为，服务业具有固定成本低、交易成本高的特点，更易于进行数字化转型。如图 5.3 所示，2019 年中国服务业数字经济渗透率为 37.8%，高于农业 29.6 个百分点，高于工业 18.3 个百分点；2020 年中国服务业数字经济渗透率为 40.7%，高于农业 31.8 个百分点，高于工业 19.7 个百分点；2021 年中国服务业数字经济渗透率为 43.1%，高于农业 33 个百分点，高于工业 20.3 个百分点；2022 年中国服务业数字经济参透率为 44.7%，高于农业 34.2 个百分点，高于工业 20.7 个百分点。总体来看，中国服务业数字化转型快于工业和农业，而且差距还存在逐年扩大的趋势。

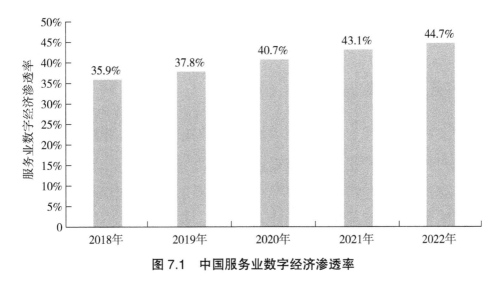

图 7.1　中国服务业数字经济渗透率

（数据来源：中国信通院《中国数字经济发展研究报告（2023 年）》）

第三，从国际格局来看，中国服务业数字化渗透率较全球仍有微小差距。近年来，中国服务业数字经济渗透率逐年提升，但是与全球服务业数字经济渗透率相比，仍然存在一定的差距。如图 7.2 所示，2019 年，中国服务业数字经济渗透率为 37.8%，仍低于全球服务业数字化渗透率 1.6 个百分点；2020 年，中国服务业数字经济渗透率低于全球服务业数字经济渗透率 3.2 个百分点；2021 年，中国服务业数字经济渗透率低于全球服务业数字经济渗透率 2.2 个百分点。

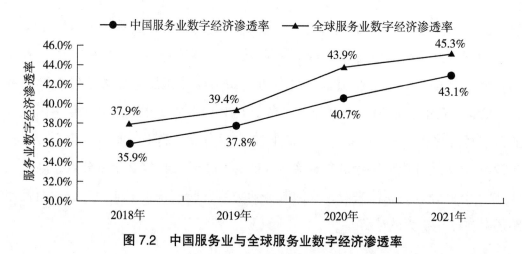

图 7.2 中国服务业与全球服务业数字经济渗透率

（数据来源：中国信通院《全球数字经济白皮书（2022 年）》）

7.3 服务业各领域加快数字化转型

数字经济下，由线上化供需双方的广泛数据积累及数据挖掘技术的发展，数据已成为新的生产要素，同时数据要素可与劳动、资本、土地等其他生产要素叠加、融合，产生倍增效应，提升企业全要素生产率。在服务业领域，数据要素、数字化技术广泛应用于各行业、各领域，有效满足了人民对美好生活的向往和追求。

7.3.1 电子商务

电子商务是以网络为载体，通过大数据、人工智能等数字技术，将传统的销售、购物渠道线上化、网络化，已成为我国数字经济的重要组成部分，其中电商直播、社交电商、直播带货、跨境电商等业态不断呈现，有效地发挥了内需拉动、就业拉动、消费拉动的作用，成为数字经济中最活跃的部分。

一是网络零售基础更加完善，电子商务规模持续扩大。第 50 次《中国互联网络发展状况统计报告》数据显示，截至 2022 年 6 月，我国网民规模为 10.51 亿，互联网普及率达 74.4%。作为数字经济新业态的典型代表，中国网络零售行业持续快速发展。网络零售渠道和移动支付普及度持续提高。国家统计局数据显示，2021 年中国网上零售额达到 13.1 万亿元，同比增长 14.1%，其中，实物商品网上零售额达到 10.8 万亿元，同比增长 12%，占社会消费品零售总额的 24.5%，对社会消费品零售总额增长的贡献率为 23.6%。

二是电子商务新模式，如直播电商、社交电商等快速发展。商务部监测数据显示，2021 年重点监测电商平台累计开展直播数量超过 2400 万场，直播商品数量超过 5000 万件，活跃主播人数超过 55 万人，累计观看人数超过 1200 亿人次。

三是跨境电商快速发展，为中国外贸发展提供支撑。中国服务贸易数字化转型的主要形态体现在跨境电子商务上，目前传统贸易中的前期调研、政策咨询，以及贸易报价、商务谈判等环节都转至互联网平台开展。跨境电商从区域化升至全球化，国际供应链逐步形成。据中国海关统计，2021 年中国跨境电商进出口规模达到 1.98 万亿元，较上年增长 15%；2022 年中国跨境电商进出口规模达到 2.11 万亿元，较上年增长 9.8%。其中，出口规模达到 1.55 万亿元，增长 11.7%；进口规模达到 0.56 万亿元，较上年增长 4.9%。

四是跨境电商的发展促进了智能网络在物流企业的应用，全面提升了境外商品与服务的运送时效。菜鸟发布的全球运年度报告数据显示，2019 年全球已有 200 个国家和地区使用菜鸟的全球智能物流网络的包裹配送服务。同时，中国已经与 22 个国家签署了"丝路电商"合作备忘录并建立了双边合作机制，拓展跨境电商合作领域，丰富合作内涵，助力海外仓项目建设，推动电商贸易范围由区域化提升至全球化，塑造国际供应链。京东物流发布的 2018 年运营数据显示，京东在五大洲设立海外仓超过 110 个，利用"点、线、网"模式打造国际供应链，将产品销往 200 多个国家与地区。

专栏 8

菜鸟智能化全球供应链极致运营网络

1. 案例解决的核心问题

菜鸟极致运营模式：全球供应链的极致性价比服务实现一杯咖啡的价格运

全球。菜鸟强于端到端"化零为整"（智能合单）的跨境数字化供应链服务，助力企业一站式出海，将成本降低到一杯咖啡价格运全球。

2. 案例的优点

菜鸟创新模式包括机制组网、化整为零，其具备两大引领性。一是率先社会化协同整合合作伙伴运力，建设一张高效的网。电子面单（三段码，非标地址 - 标准化代码）统一快递数据标准，将社会化运力整合为一体，极大降低成本，提高时效；智能合单通过智能算法规划包裹最优线路，将多单包裹合并为一单包裹，在不提高成本的前提下将海运变为空运。二是商流与物流紧密结合形成规模化流通效益：商流（速卖通、国际站）与供应链运营能力的结合，打通生产端与消费端，形成大物流的规模，边际成本持续降低。

3. 案例应用情况及取得的成效

菜鸟助力企业实现全球供应的低成本高时效。相较全球前三大物流巨头，菜鸟做到了成本下降 70%~80%，速度提升了 300%~400%。例如，奥源发业使用菜鸟"5 美元 10 日达"服务后，假发物流时效从平均三四十天缩短到平均5~7 天，传统的假发 b2b 贸易需要 3~6 个月才能对消费者需求做出反馈，现在一周时间就能对消费者偏好做出产品更新调整决策，供应链反应速度提升了 30 倍。菜鸟自主研发的供应链路径规划算法，荣获 2021 年弗兰兹·厄德曼杰出成就奖，是全球运筹和管理科学界的工业应用最高奖，被誉为工业工程领域的"诺贝尔奖"，菜鸟是首批获得此奖的中国企业并位列第一。

（详见案例篇 – 案例 6）

7.3.2　数字服务贸易

商务部数据显示，2021 年，中国数字服务贸易 2.33 万亿元，同比增长 14.4%；其中数字服务出口 1.26 万亿元，增长 18%。2022 年上半年，中国数字服务贸易 1.2 万亿元，同比增长 9.8%；其中数字服务出口 0.68 万亿元，增长 13.1%。数字贸易正成为当前中国促进对外贸易创新发展的重要力量。其中 ICT

服务出口在中国数字服务出口占比排名全球前五，与2018年相比提升幅度排名全球第一；知识产权服务与人文娱乐出口的提升幅度均排名全球前五。同时，中国ICT服务、知识产权服务、个人文娱服务出口国际占有率分别提升4.2%、1.4%、1.2%。

软件服务、卫星导航定位与位置服务、社交媒体和搜索引擎，以及网游、数字音乐等内容服务的出口规模也快速增长。杭州创立"网展贸"服务模式，借助互联网平台连接卖家与买家客户端，利用多语种翻译已实现与50个国家之间的交流互通，将贸易展会线上化，打造"展览＋互联网＋供应链"三位一体的跨境贸易服务平台，市值达8万亿美元，加快了中国品牌企业的产品与服务"走出去"。江苏瑞祥科技集团有限公司创建的"全球购"＋"福鲤圈"线上线下数字智慧交融平台是基于"瑞祥智慧新零售"生态打造的定制化服务方案，主要由营销管理服务大平台、供销服务单元和供销信息系统构成。

专栏9

江苏瑞祥科技集团有限公司——"全球购"＋"福鲤圈"线上线下数字智慧交融平台

1.案例解决的核心问题

"全球购"＋"福鲤圈"线上线下数字智慧交融平台是由江苏瑞祥科技集团有限公司基于"瑞祥智慧新零售"生态打造的定制化服务方案。

2.案例的优点

本项目主要由营销管理服务大平台、供销服务单元和供销信息系统构成，各系统通过数据运营中心共享信息，完成供销商、客户、平台三方之间资源的高效流动，聚合了生活缴费、出行预订、酒店住宿、景点门票、演出票务、外卖服务、电子卡券兑换等多重增值服务，打造数字化消费"云场景"。同时，积极顺应数字经济发展趋势，及时升级福利平台界面及功能，不断迭代数字化场景的开发及应用，实现新消费的全渠道升级。

3. 案例应用情况及取得的成效

项目平台建立全面的电子会员体系，现拥有注册会员 3000 余万人，汇集全球食品、日化美妆、进口母婴、生鲜速冻、精品家用电器等上万种 SKU，并与京东、网易严选、小米有品、唯品会、易果生鲜、卓志跨境等众多电商平台进行技术对接，极大丰富和拓展了商品供应链。"瑞祥全球购"线上平台通过网上展示、线上交易、线下配送，实现消费者足不出户、点击消费、无接触配送。线下门店可以让消费者享受更直观的购物体验，满足客户的实物团购需求，也与美团外卖合作，消费者可以通过美团外卖下单，享受更多优惠，从而实现"无接触式配送"，让消费者足不出户享受优质的购物体验。

（详见案例篇 – 案例 7）

7.3.3　数字金融

数字技术与金融业的融合促进互联网金融不断发展。随着新一代信息技术蓬勃发展，消费金融对云计算、大数据和人工智能等前沿科技技术领域的投入加速推动了金融行业数字化转型。根据《中国智慧银行深度调研与投资战略规划分析报告》，2018 年，中国银行整体 IT 投资规模为 1121 亿元，国有银行、股份银行、新型互联网银行以 APP 端向场景嵌入、线上线下融合、设立金融科技类研究院为主推动自身转型发展。根据中国支付清算协会发布《中国支付产业年报 2022》，截至 2021 年底，我国网络支付用户规模达 9.04 亿户，占网民整体的 87.6%。网络支付与普惠金融深度融合，促进金融服务数字化转型，并通过聚合供应链为商家提供精准信息，助力服务业企业数字化转型。

中国电子支付，尤其是移动支付迅速发展。移动支付已融入交通、餐饮、购物等各个民生相关领域，为广大公众提供安全、高效、边界的"一键式"支付服务体验。目前，全国 200 余家支付机构已服务约 10 亿客户和数千万商户，在小额零售支付服务领域发挥了重要补充作用。2021 年移动支付金额同比增长近 25%，普及率已达 86%，支付转账几乎实时到账。同时，数字人民币进一步加速推广应用。中国人民银行数据显示，数字人民币已在 23 个地区开展试点，截至 2021 年底，数字人民币试点场景已超过 808.51 万个，累计开立个人钱包 2.61 亿个，交易金额达到 875.65 亿元。数字人民币在 2022 年北京冬奥场景试点取得圆满成功，作为"科技冬奥"重要元素向世界展示中国金融科技成果。数字人民币北京冬奥场景试点覆盖交通出行、餐饮住宿、购物消费、旅游观光等七大类场景，并部署无人售货车、自助售货机等创新应用场景，推出支付手套、支付徽章等可穿戴支付设备，为境内外用户提供安全、便捷的支付体验。ZOLOZ Real ID eKYC（可信身份认证）具备四项核心功能，即证件认证、生物特征认证、证件信息认证和金融级风控系统能力，以实现金融级识别率、高准确率、秒级检测及高安全等级的解决方案。已在蚂蚁集团和全球金融、保险、信贷等领域 70 余家客户的身份认证、金融风控和信贷服务中广泛应用。

专栏 10

蚂蚁集团——ZOLOZ Real ID eKYC（可信身份认证）

1. 案例核心解决的问题

蚂蚁集团通过科技创新，助力合作伙伴，为消费者和小微企业，提供普惠便捷的数字生活及数字金融服务；持续开放产品与技术，助力企业的数字化升级与协作；在全球广泛合作，服务当地商家和消费者，实现"全球收""全球付""全球汇"。蚂蚁集团致力于以科技推动各行业的数字化升级，携手合作伙伴为消费者和小微企业提供普惠、绿色、可持续的服务。

2. 案例的优点

蚂蚁集团 ZOLOZ Real ID eKYC（可信身份认证）由 AI 驱动，是三元组信息（身份证件、生物特征、官方信息源）的一致性验证方案，支持企业提供远程实人认证实现线上业务办理。具备四项核心功能，即证件认证、生物特征认证、证件信息认证和金融级风控系统能力，以实现金融级识别率、高准确率、秒级检测及高安全等级的解决方案。

3. 案例应用情况及取得的成效

ZOLOZ Real ID eKYC 已在蚂蚁集团和全球金融、保险、信贷等领域 70 余家客户的身份认证、金融风控和信贷服务中广泛应用。为菲律宾、马来西亚、泰国、印度尼西亚等国移动钱包、银行等提供全面风控能力升级的技术服务；并在疫情期间支撑多个国家扩大互联网金融服务的接入。由此带来促进普惠金融、弥合数字鸿沟、服务国际商户，增强国际话语权、引领国内外技术标准，提升全行业安全水位的社会价值。

蚂蚁集团

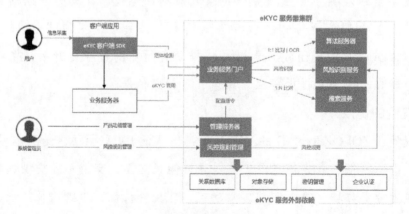

eKYC 服务架构

印度尼西亚电子钱包 DANA 使用蚂蚁技术进行身份注册认证页面

7.3.4　生活类服务业

生活服务数字化消费快速渗透。一是网上外卖市场规模持续扩大。根据第51 次《中国互联网络发展状况统计报告》，截至 2022 年 12 月，中国网上外卖用户规模达 5.21 亿户，网民使用率达 48.8%。美团发布的全年业绩报告显示，2022 年美团外卖交易用户数达 6.78 亿户，活跃商家数为 930 万家，全年即时配送订单量同比增长 14%，其中餐饮外卖单日订单量峰值突破 6000 万单。用户年均交易笔数达 40.8 笔，同比增长 14%。二是网约车行业稳步发展。根据第 51 次《中国互联网络发展状况统计报告》，中国网约车用户规模达 4.37 亿户，网民使用率达 40.9%。各大互联网出行平台积极探索经营模式，华为于 2022 年 7 月在第三代鸿蒙操作系统内推出打车应用 Petal 出行；2022 年 10 月，高德在北京推出了网约车自营平台——火箭出行，进行技术创新和试验，探索下一代网约车模式。三是中国在线医疗用户规模达 3.63 亿户，网民使用率 34.0%。

其中，网上外卖平台通过优化营销策略、精细化运营和多样化的活动，有效满足更多不同场景下的用户需求，推动平台用户黏性持续增长。例如，美团的"零售＋科技"不仅解决了抗疫保供问题，而且解决了农产品损耗的问题。在积极助力抗疫保供、促进农产品质量提升及消费、集中采购压缩流通环节减少农产品损耗、促进生鲜农产品上行助力乡村振兴等方面构筑全民畅享的数字生活，在民生保供中发挥显著优势，在促进公共服务和社会运行等方面发挥了巨大作用。

专栏 11

美团——美团零售助力数字社会建设

1. 案例解决的核心问题

美团以"零售＋科技"的战略践行"帮大家吃得更好，生活更好"的公司使命。2022年3月份以来，国内疫情防控形势严峻。受疫情影响，北京部分地区出现订单量激增的情况，上海隔离在家的广大居民面临吃饭难的问题。其不仅解决了抗疫保供问题，而且解决了农产品损耗的问题，促进了农产品消费促进。

2. 案例的优点

美团在积极助力抗疫保供、促进农产品质量提升及消费、集中采购压缩流通环节减少农产品损耗、促进生鲜农产品上行助力乡村振兴等方面构筑全民畅享的数字生活，在民生保供中发挥显著优势，在促进公共服务和社会运行等方面发挥了巨大作用。

3. 案例应用情况及取得的成效

作为北京市重要保供企业，美团买菜宣布，在抗疫保供期间，北京地区订单配送时间即日起延长至每天24时，同时加大备货量。美团优选商品以居民日常高频消费的品类为主，数量有1000~3000种，这大大突破了传统零售电商在生鲜品类的局限。

（详见案例篇 – 案例 8）

互联网医疗火热兴起。互联网医疗的发展先后经历了在线问诊、远程会诊、智能诊断等阶段，有效缓解了我国医疗资源不平衡不充足的问题。例如，

"大数据＋智能医疗"服务平台通过物联网和大数据技术的双重加持，实现数据赋能医疗运营、推动行业数字化。在福建省妇幼保健院等落地应用的基于知识图谱的 AI 医疗借助大数据处理、知识图谱等技术，实现基本卫生公共服务、临床数据的深度解析与可视化，提高了医疗服务系统的效率。京东健康也与北京大学首钢医院、北京大学第六医院、天津市南开医院、天津中医药大学第一附属医院、天津市安定医院、河南中医药大学第一附属医院、沧州市中心医院、太仓市第一人民医院等三甲医院共建互联网医院，并协助其完成国家卫生健康委审核，获得互联网医院牌照，顺利开展线上线下一体化的新型医疗健康服务。维诺数据和中核安科瑞－京东方合作开发的"大数据＋智能医疗"服务平台通过物联网和大数据技术的双重加持，实现数据赋能医疗运营、推动行业数字化。此外，华润医药的多方协同管理、识现系统的应用都体现了数字技术在医疗领域的成功应用。

7.4　服务业数字化转型创造新需求、增加新就业

数字技术丰富了服务业的场景，数字化将推动服务业纵深发展。在 5G、大数据、人工智能、工业互联网、卫星互联网等基础设施建设的支撑下，涌现了大量的新场景、新业态。

典型如直播带货，搭建私域流量，以个体为中心。伴随移动互联网发展和人们个性化需求而产生的，包括社交电商、网络直播等多样化的自主就业新个体，依托于各类众包平台进行副业创新的微经济，进行跨企业、多雇主、灵活用工的多点执业。例如，得物结合人工智能、大数据、区块链等技术，实现对消费品的智能检验，创新了电商服务模式。易派克创新了 SC2B（Supply Chain to Business）模式，以供应链核心企业需求为基础，解决了工业品电商企业面临的难点。

此外，数字文创、智慧旅游等产业也在数字经济的助力下不断开拓新圈层用户，市场规模不断扩大。云南省依托腾云公司在全国率先推出了"一部手机游云南"的省级全域智慧旅游平台，通过云南旅游大数据中心强化信息资源共

建共享，实现了全域智慧旅游。5G+4K云网智慧酒店服务平台的建设和应用以云计算、收视大数据、云网融合等技术，助力酒店行业的数字化转型。天翼数字生活科技有限公司的小翼管家APP产品要解决数字生活领域中家庭、社区、乡村场景的割裂问题，用一个APP升级城乡居民生活，促进经济数字化转型，推动数字中国建设。

专栏12

天翼数字生活科技有限公司联网助力城市数字经济建设——小翼管家APP产品案例

1. 案例解决的核心问题

天翼数字生活科技有限公司负责提供数字生活领域中产品、综合解决方案和生态的场景化应用运营。主要解决数字生活领域中家庭、社区、乡村场景的割裂问题，用一个APP升级城乡居民生活，促进经济数字化转型，推动数字中国建设。

2. 案例的优点

作为电信数字生活统一入口APP，小翼管家用户超过1亿户，日活超550万户，月活超2100万个，具备可观的业务规模和用户认可度。

3. 案例应用情况及取得的成效

2021年线上订购额2300万元的小翼管家融通家庭—社区—乡村多个场景。在家庭场景中汇聚天翼看家、安全管家、全屋Wi-Fi、天翼云盘、全屋智能等产品应用控制入口，在社区场景中，小翼管家汇聚一键开门、访客预约、在线报障、线上缴费等多功能应用，还针对银发人群上线的"关爱版"模式，为年长用户提供方便阅读、减少操作障碍、丰富生活服务功能的改进升级。APP实现了传统家庭生活的智慧化升级，不仅提供Wi-Fi管理、智能家居控制、同城服务、线上购物等功能服务，还融通乡村、社区板块，引入社会服务、商业资源，通过异业资源整合丰富应用，以生活服务拓展业务边界，打造全场景服务版图，壮大了数字经济产业。同时还提供安全可靠的保障措施，如7×24小时专项运维团队保障，全自动化监控实时告警；数据高安全等级，服务上云，有备份及业务快速切换保障。

（详见案例篇 – 案例 9）

服务业数字化的快速发展还稳定和扩大了就业。国家统计局数据显示，从三次产业就业总体情况来看，2013—2021 年，服务业就业人员累计增加 8375 万人，年均增长 3.0%，平均每年增加就业人员 931 万人。2021 年，我国第一、二、三产业就业人员分别为 17 072 万人、21 712 万人和 35 868 万人，占比分别为 22.9%、29.1% 和 48.0%；其中第一产业、第二产业占比较 2012 年分别下降 10.6 个百分点和 1.3 个百分点，第三产业占比上升 11.9 个百分点。通过对比可见，服务业就业吸纳能力日益增强，并成为吸纳就业能力的最大产业，且占比遥遥领先（图 7.3）。

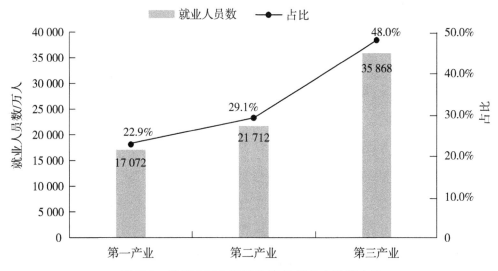

图 7.3 截至 2021 年三次产业就业人数及占比

（数据来源：国家统计局）

从服务业新业态来看，服务业数字化向纵深发展，创造出一大批新业态，服务业新业态能吸纳不同层次、不同技能的劳动力。《数字平台就业价值研究报告——基于蚂蚁集团生态的分析》数据显示，我国市场主体超过 1.5 亿户，其中 9 成集中于服务业，实现服务业数字化意味着创造无数新就业机会，数字技术对服务业全链条改造也将创造更多的就业机会。以蚂蚁集团旗下支付宝为例，平台上的商家数字化运营就业机会共 84.5 万个。服务业数字化向纵深发展将稳定和扩大就业，数字经济平台作为承载服务业数字化的最大平台，对就业的价值尤为凸显。

7.5 中国服务业数字化转型存在的痛点

随着数字化技术应用不断成熟，我国服务业各行业、各领域不断涌现出新业态、新模式，有力提升了服务业发展质量和水平，但数字化转型作为一项系统工程，需要坚持顶层设计与有序推进。当前，我国服务业的数字化转型仍然面临以下痛点。

一是政策扶持仍然有待提升。目前从中央到地方层面出台了一系列涉及数字经济的政策文件，但是涉及服务业数字经济发展的案例中，有 30.23% 认为缺少政策支持。可见，服务业数字化转型的政策扶持仍然有待提升。以医疗行业为例，因为平台缺乏顶层设计，以至于缺乏数据权限配置、管理等设计，产生数据滥用等管理问题。

二是资金支持不足。服务业企业以中小企业和个体商户为主，尽管大多数服务业企业有着强烈的数字化转型的意愿，但是作为一项长周期、大投资的系统工程，数字化转型需要持续稳定的资金投入，而中小型企业和个体商户受制于资产规模普遍偏小的影响，融资问题成为数字化转型的拦路虎。从案例数据来看，涉及服务业数字经济发展的案例中，有 27.91% 认为面临的问题是缺资金支持（图 7.4）。

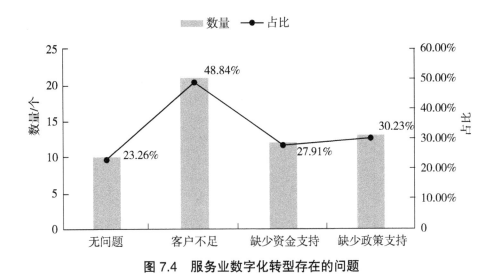

图 7.4　服务业数字化转型存在的问题

三是服务业数字化程度不均衡。一方面，生活性服务业内部行业数字化水平差异较大，细分领域的数字化程度差异也较大。2021 年 5 月 14 日，中国社会科学院数量经济与技术经济研究所、社会科学文献出版社共同在京发布的《数字经济蓝皮书：中国数字经济前沿（2021）》指出，衣食住行玩等消费服务领域的数字渗透率已经超过 50%，消费行为呈现高度数字化，其中网络购物领域渗透率最高，达到 85.2%。但教育、医疗等公共服务领域的数字渗透率较低，尚不足 40%。《迈向新服务时代——生活服务业数字化发展报告（2021）》数据显示，酒店业的数字化率约为 35.2%，教育行业的数字化率约为 30.0%，宠物行业的数字化率约为 17.3%，餐饮业的数字化率约为 15.1%，家政业的数字化率仅为 3.5%，养老服务业的数字化率低于 1%。酒店业和养老服务业数字化率的差异超过 30%，可见生活性服务业内部行业的数字化水平存在明显差异。

另一方面，产业链数字化发展不均衡，地区之间发展不均衡。尽管我国服务业数字化转型不断推进，但是企业的数字化转型主要是经营环节的降本增效，全链路的数字化渗透率比较低，服务业数字化集中在营销、业务和 IT 等方面，主要为单点效率提升，尚未形成一体化数字解决方案。上游原材料供应、中游物流运输环节的数字化程度亟待提升。我国数字经济发展具有明显的区域聚集特征，京津冀、长三角、珠三角、川渝经济圈成为我国数字经济发展的区域核心。从案例数据来看北京、上海、浙江的案例数量居前三甲（图7.5）。

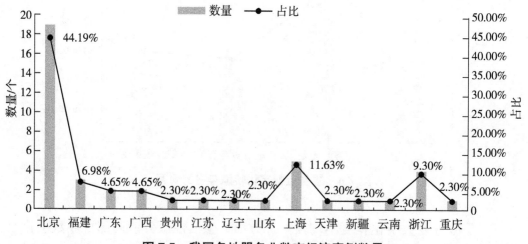

图 7.5　我国各地服务业数字经济案例数量

第8章 数字化推动政府行政能力跃升

党的十八大以来，党中央、国务院从推进国家治理体系和治理能力现代化全局出发，准确把握全球数字化、网络化、智能化发展趋势和特点，围绕实施网络强国战略、大数据战略等做出了一系列重大部署，先后出台《"十四五"国家信息化规划》《关于加强数字政府建设的指导意见》等政策文件，对数字政府发展提供指导，各级政府业务信息系统建设和应用成效显著，数据共享和开发利用取得积极进展，一体化政务服务和监管效能大幅提升，"最多跑一次""一网通办""一网统管""一网协同""接诉即办"等创新实践不断涌现，数字技术在新型冠状病毒感染疫情防控中发挥重要支撑作用，数字治理成效不断显现，为迈入数字政府建设新阶段打下了坚实基础。

8.1 数字政府建设成效卓著

近年来，从中央到各省区市的数字政府建设显著提高了政府行政效率，在疫情防控、线上政务服务、政务公开等领域显现效果，行政服务能力不断增强。

一是数字技术助力疫情防控。3年来，面对复杂多变的疫情防控形势，国家政务服务平台推出"防疫健康信息码"，"健康码"与"通信大数据行程卡"全面实行一页通行式的"卡码合一"，累计使用人数超9亿人，访问量超600亿次；各省份基本实现"一省一码"，加快完善标准认证，推动全国范围内数据共享和互通互认。疫情防控数据共享步伐加快，依托全国一体化政务服务平台和国家"互联网+监管"系统，卫生健康、移民、民航、铁路等领域1000余项防疫相关数据实现共享，支撑疫情防控调用1700余亿次。通信大数据有效支撑防疫区域协查，第一时间分析下发各类区域协查数据6700余万条。国家移民管理局在全国129个水运口岸推行中国边检登轮码，提升涉疫风险预警能力，强化防范境外病例输入。数字技术提升核酸检测筛查的效率，各地区新型冠状病毒核酸检测服务基本实现"实名认证、扫码即用、网上登记、亮码即采、结果速查"，大幅提升检测效率。

二是在线政务服务能力持续提升。政务云等政务服务数据平台的快速发展为在线政务服务能力提升提供了基础。据 IDC 发布的《中国智慧城市数据跟踪报告》（2022 年 7 月）显示，2021 年，我国政务云整体市场规模为 427.16 亿元，同比增长 21.47%，其中政务专属云基础设施市场、政务公有云基础设施市场、政务云服务运营市场规模分别为 308.40 亿元、66.68 亿元、52.08 亿元，同比增速分别为 20.85%、23.00%、23.30%（图 8.1）。

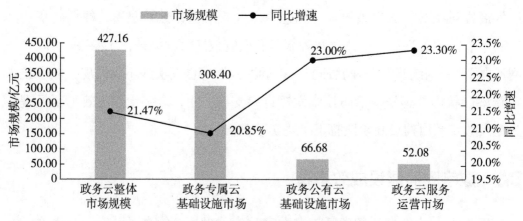

图 8.1　2021 年我国政务云市场发展情况

（数据来源：IDC《中国智慧城市数据跟踪报告》）

在此基础上，全国一体化政务服务平台功能不断优化，以国家政务服务平台为总枢纽，构建国家、省、市、县多级覆盖的政务服务体系。国家政务服务平台开通的"一件事一次办"服务专区，首批上线服务涵盖从"出生"到"退休养老"等 9 个个人主题和从"开办企业"到"破产注销"等 5 个企业主题。"跨省通办"能力显著增强，《数字中国发展报告（2021 年）》数据显示，截至2021 年底，国家政务服务平台共计提供 321 项跨省通办事项。2022 年新增 22 项跨省通办事项，全国 31 个省（区、市）和新疆生产建设兵团一体化政务服务平台均设置跨省通办专区，开通京津冀、长三角、川渝等 6 个区域通办服务和41 个"点对点"省际通办服务。通过"同事同标"、电子证照互认等手段实现无差别处理，住房公积金异地转移接续、失业登记、电子社会保障卡申领、残疾人证新办等高频事项在全国范围内实现"无感漫游"。例如，阿里云计算有限公司所建立的政务云平台是某省政务"一朵云"平台规划和建设的重要部分，提高安全能力支撑，政务钉钉服务全省公务员掌上办公，政务服务事项实现100%网上可办，覆盖各类高性能、高并发场景，致力于解决云平台持续合规、多系统数据安全与身份管理、面向实战的一体化安全运营的问题。

专栏 13

阿里云计算有限公司：最佳安全建设实践案例

1. 案例解决的核心问题

阿里云计算有限公司致力于解决云平台持续合规、多系统数据安全与身份管理、面向实战的一体化安全运营的问题。

2. 案例的优点

所建立的政务云平台是某省政务"一朵云"平台规划和建设的重要部分，提高安全能力支撑，政务钉钉服务全省公务员掌上办公，政务服务事项实现100%网上可办，覆盖各类高性能、高并发场景。

3. 案例应用情况及取得的成效

阿里云政务云建立起了一套完整的、弹性的、灵活的原生安全建构纵深防御平台体系，具有独特的云平台用户的"业务安全视角"。在租户视角下，数据从终端流向云平台，需经过多重验证过滤，最后进入由数据安全体系支撑下的存储、数据库、系统中，在复杂业务中，涉及与本地数据中心、其他 VPC 及数据中台的业务交互，均有严格的访问控制和隔离策略。它也具备一站式安全建设运营，并且能够满足持续高等级安全合规的需求。目前，阿里云是亚太地区权威合规资质最全的云服务商之一，能够紧跟各项要求、趋势，第一时间针对性整改，从而保障云平台持续合规。取得了平台上线至今无重大安全事件、降低安全运维工作量等成效。

（详见案例篇 – 案例 10）

　　三是数据开放共享体系逐步形成。《2022 中国地方政府数据开放报告》显示，截至 2022 年 10 月，我国 208 个省级和城市的地方政府上线了数据开放平台，其中省级平台 21 个（含省和自治区，不包括直辖市和港澳台），城市平台 187 个（含直辖市、副省级与地级行政区），2021 年同期上线 193 个数据开放平台，2020 年同期上线 142 个平台，2019 年同期上线 102 个数据开放平台（图 8.2）。74.07% 的省级（不含直辖市）和 55.49% 的城市（包括直辖市、副省级与地级行政区）已上线政府数据开放平台。政务数据共享交换体系建设加速推进，国务院办公厅印发《关于建立健全政务数据共享协调机制加快推进数据有序共享的意见》，2021 年，全国一体化政务服务平台数据共享交换体系接入各级政务部门 5951 个，支撑全国调用超 2000 亿次，向地方回流数据超 6000 万条，打通垂管系统联通壁垒，推动政府职能转变和机制再造。电子证照基本实现全国互通互认，一体化政务服务平台汇聚电子证照 900 余种，提供共享服务超过 20 亿次。养老保险联网监测数据上报量达 10.86 亿人次，就业联网监测数据覆盖劳动者人数达 7.31 亿。

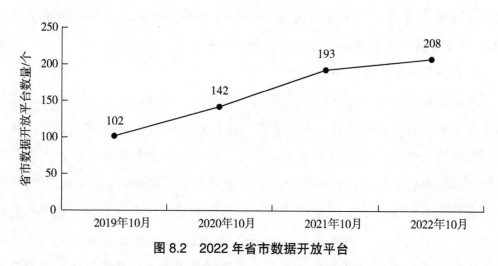

图 8.2　2022 年省市数据开放平台

（数据来源：复旦大学《2022 中国地方政府数据开放报告》）

　　四是在线互动提升政务满意度。政府网站成为政务公开的重要渠道。所有省级和地市级政府通过政府网站围绕"六稳""六保"、优化营商环境、疫情防控等重点工作加强政策发布解读，推动重大决策落地见效，回应社会公众和市场主体重要关切。"互联网＋信访"切实发挥实时、快速优势，实现及时受理办理、快速回复告知、缩短办理时限、全程跟踪督办。2021 年，"我为政府网站找错"平台正式上线，覆盖全国 1.4 万家政府网站，办理网民留言 3.6 万余条，政民互动增强。税务部门推广普及"非接触式"办税缴费，实现 233 项办税缴费事项网上办理，其中 212 项可"全程网办""跨省通办"；优化社保缴费系统，实现企业社保缴费"网上办"，个人社保缴费"掌上办"；推行跨省异地电子缴税，已在 26 个地区试点，累计办理业务近 5 万笔，金额 83 亿元，有效解决纳税人跨省缴税不便，"多地跑""折返跑"等问题。

五是电子政务推动法律服务智能化。2021 年 2 月，全国人大联合有关部门推动国家法律法规数据库正式开通，开通之时收录了宪法和现行有效法律 275 件，法律解释 25 件，行政法规 609 件，地方性法规、自治条例和单行条例、经济特区法规 16 000 余件，司法解释 637 件。全国政协组织委员积极开展网上履职，网络议政、远程协商在各类协商议政活动中得到广泛应用。国务院办公厅依托中央政府门户网站充分听取企业群众对政府工作的意见建议，连续第七年在全国两会前开展网民建言征集活动，累计收到建言近百万条，向《政府工作报告》起草组转送有代表性的意见建议 1200 余条。中央纪委国家监委机关完成检举举报平台建设，覆盖中央到省、市、县、乡镇（街道）五级纪检监察组织，实现 7.8 万家单位、24 万名纪检监察干部全面使用，促进监督下沉，提升监督效能。智慧法院推动构建互联网司法新模式，实现在线服务全国四级法院全覆盖、群众打官司全流程"掌上办理"，2022 年，"人民法院在线服务"移动端提供网上立案 1071.8 万次，同比增长 30.6%，43.38 万名律师应用律师服务平台办理诉讼事务，在全球率先出台法院在线诉讼、在线调解、在线运行三大规则，逐步健全以人民为中心的互联网司法规则体系。全国检察机关积极打造智慧检务，检察业务应用系统 2.0 的全面部署应用。截至 2021 年底，系统受理各类案件 380 万件。截至 2021 年底，"12309 中国检察网"发布案件程序性信息 1600 万余条、重要案件信息 120 万余条、公开法律文书 720 万余份，全面开展律师互联网阅卷工作。

8.2 政策推动数字政府建设加速发展

2022 年 6 月 23 日，国务院印发《关于加强数字政府建设的指导意见》提出，到 2025 年，与政府治理能力现代化相适应的数字政府顶层设计更加完善、统筹协调机制更加健全，政府数字化履职能力、安全保障、制度规则、数据资源、平台支撑等数字政府体系框架基本形成，政府履职数字化、智能化水平显著提升，政府决策科学化、社会治理精准化、公共服务高效化取得重要进展，数字政府建设在服务党和国家重大战略、促进经济社会高质量发展、建设人民满意的服务型政府等方面发挥重要作用；到 2035 年，与国家治理体系和治理能力现代化相适应的数字政府体系框架更加成熟完备，整体协同、敏捷高效、智能精准、开放透明、公平普惠的数字政府基本建成，为基本实现社会主义现代化提供有力支撑。

8.2.1 政务运行数字化提升行政效率

全面推进政府履职和政务运行数字化转型，统筹推进各行业各领域政务应用系统集约建设、互联互通、协同联动，创新行政管理和服务方式，全面提升政府履职效能。

第一，增强经济运行监测能力。近年来，数字技术广泛应用于社会经济发展监测中，通过实时监测收集经济运行数据实现了政府对经济动态管理能力的大幅度提升。一方面，经济治理的大数据不断积累，形成了对经济运行关键数据的全局管理与分类治理相结合的局面。另一方面，云计算等技术手段提升了分析能力，通过多种模型对经济发展过程中的宏观调控决策、经济趋势预测、跨周期政策设计等进行分析预测，使经济运行监测能力得以扩展到更长的时间范围与更广空间范围，大幅提高有关部门管理的科学性、有效性。

第二，增强市场监管能力。在数据检测能力提升的加持下，市场监管能力将得到同步提升，对市场经济运行的全方位、多角度立体监管，以及涉及多行业、全产业链的协同监管体系正在形成。具体手段包括：监管平台建设不断提速，全国一体化的在线监管平台不断完善，跨地区、跨部门的信息共享机制推动部门协同监管水平的提升；监管技术提升智能化水平，通过物联网等新型监管手段弥补原有的监管短板，扩大监管范围并提高监管及时性；强化对新兴领域的监管执法，最新的数字技术天然对新技术、新业态、新模式有更好的对接能力，提高了市场监管的覆盖面。

第三，增强社会治理能力。随着居民社会行为的复杂化，原有的社会治理模式面临挑战。数字技术赋能社会管理者双向互动、线上线下融合的能力，丰富了对社会矛盾处理、基层治理等的处理手段。通过数字手段加强公安大数据平台建设，加强公安部门对社会维稳、治安联动等方面的应用，提升防范化解社会风险的能力。推进应急部门的数字化建设，完善应急通信网络建设，提升社会应急监督的数字化、智能化水平。将大数据、物联网等手段广泛应用于基层治理，推进智慧社区建设。用数字技术更好地坚持和发展新时代"枫桥经验"，坚持重心下移、力量下沉、资源下投，向基层放权赋能，构建网格化管理、精细化服务、信息化支撑、开放共享的数字化基层管理服务平台，加强基层社会治理队伍建设，建立健全富有活力和效率的新型基层治理体系。推动公共服务数字化、均等化，通过全国一体化政务服务平台"一网通办"的枢纽作用，构建即时、多元的政务服务体系，提高政府部门主动服务、精准服务的能力，打造多元参与、功能完备的数字化服务网络。

第四，加快推进数字机关建设。数字化技术提升了政府科学化决策水平。通过深化数字技术应用，将动态监测、趋势研判、政策效果评价等方面进一步科学化、精准化，从而大大提高政府的决策能力。此外，通过内部办公体系的数字化建设，提升了政府内部办公的应用水平，提高了机关运转效率。数字技术对行政流程的优化推动了行政审批、行政执法、公共资源交易等政务服务的效率提升，有效提高了政府运转效能。

8.2.2 构建数字政府安全保障体系

数字化社会建设和数字生态建设会常态化面临网络攻击的威胁，数字化在促进我国经济发展的同时，也增加了国家经济安全风险。网络与数据安全是数字政府建设最重要的基础保障，没有网络安全，就没有数字政府安全。政府要着力统筹安全制度建设，压实安全责任管理，提升安全保障能力，建设自主可控的安全保障体系。

第一，将安全制度建设摆在首要位置。制度建设是保障体系建设的基础，要根据业务特点建立相应的风险评估、信息监测等制度，确保数据得到分级分类安全保护。要进一步完善问责机制，对关键性的信息基础设施、涉密数据等做到强化管理、责任到人。建立健全监测预警、应用安全性评估等机制，将网络安全检查常态化，提升数字政府安全制度的全流程覆盖。

第二，压实各级安全管理责任。数字管理有关部门要统筹协调职责分工，建立协调管理机制，将数字政府安全管理做好。各地区要按照属地特点，落实好数字政府安全建设工作，落实主体责任和监督责任，构建多层级、一体化的安全防护体系。对政府信息化建设承接企业要做好运营监管，确保政务系统和数据安全管理的责任落实。

第三，提升数字政府安全保障的技术水平。提升信息安全技术水平是防范信息安全风险的关键，也是实现政府政务数据开放共享的保障。要构建以基础研究、应用研究、前沿技术、科技成果转化为核心的数字政府安全保障技术体系，明确各类技术创新主体在安全技术创新中的定位，激发技术创新主体活力。鼓励和支持企业参与到政府安全保障体系中来，构建专业化数字技术安全服务体系。

第四，提升数字政府安全保障的自主性。政府数字安全作为事关全局的重点安全工作，如何提高其运行独立性、减少外部参与引发的非必要安全隐患是必须要考虑的问题。要加强数字安全领域核心技术攻关，通过技术研发和产品生产的独立自主来确保安全性。要适当引入企业特别是数字领域相关大型民营企业参与到数字政府安全建设中来，充分发挥民营企业创造力，借鉴企业安全建设经验，实现数字政府安全保障的自主可控。

8.2.3　构建开放共享的数据资源体系

国务院印发《关于加强数字政府建设的指导意见》提出，我国数字政府体系框架包括政府数字化履职能力、安全保障、制度规则、数据资源和平台支撑5个方面，其中数据资源是我国数字政府建设的核心组成部分，构建开放共享的数据资源体系是推动数字政府建设向纵深发展的重要基础。要通过创新政府数据管理机制、深化数据共享水平、推动数据有序开发利用3个方面入手解决。

第一，创新政府数据管理机制。做好数据整合，加强对各类数据的统筹分类管理，推动相关企业等主体的数据融合，形成多主体数据协同共享机制；强调有关部门对数据的全周期管理职责，改变粗放管理思维，重视数据质量管理；重视管理实效，通过加强数据设施建设形成一体化的政务数据管理机制；强调分级管理理念，依照《中华人民共和国数据安全法》中根据数据重要程度，对数据开展分级分类保护，特别是加强对重点数据的保护力度，确保政府数据安全。

第二，优化数据共享机制。要注重发挥数据共享协调机制作用，促进数据跨部门、跨区域、跨行业的高效共享。在数字政府建设过程中，各政府部门掌握了丰富的数据资源，但"数据孤岛"现象较为普遍，要通过制定分类分级数据共享机制，根据不同应用场景制定差异化的共享机制，在保证公共数据安全的前提下推动政府数据流动。

第三，促进政府数据的开发利用。一是要加强政务平台的支撑能力。以政务大数据平台建设为主要切入点，创新数据管理机制，深化数据高效共享，促进数据的开发利用；着手构建元数据管理体系和数据标签管理系统，提高数据的易用性；尽快建立完整的元数据体系，迭代建设全国统一的元数据标准库；建立完善规范的公共数据标签管理体系，让数据更加清晰化、规范化。二是要加强数据开发的顶层设计。国家层面推动大数据管理机构的建设，统筹推进大数据开发工作；建立多元参与的数据开发机制，通过政策引导市场参与数据开发利用；制定政策协同数据管理机构与业务部门，促进公共数据的高效共享。三是要创新数据的开发利用模式。围绕具体业务需求对数据进行深度分析、加工，形成可复制的开发利用模式；支持数据基础较好的地区、部门优先开展数据开发尝试，允许试错，总结形成推广方案。

8.2.4 以数字政府建设全面引领驱动数字化发展

第一，推动数字经济发展。数字政府建设过程中对数字基础设施的强化可以成为数字经济发展的基础。要把握市场经济发展趋势，准确理解行业、企业发展需要，通过数字化建设提升政府对行业、企业发展的服务作用。通过完善政府的数字经济治理体系，探索数字经济管理模式，建立与经济社会发展水平相适应的治理方式。

第二，引领数字社会建设。要大力推进数字技术与公共服务的深度融合，充分利用数字化设备、数字资源、数字化服务，优化城市基础设施和实现城市治理智能化。积极促进数字化城市和智慧农村的建设，推广数字化服务，建立数字资源体系，以及利用新技术，如城市信息模型、数字孪生等，提高城市治理的精准化和效率，加快实现城市运行的"一网统管"。同时，还将加快推进数字乡村建设，完善乡村信息基础设施，提高乡村治理的现代化水平，提供更加优质的信息服务。

第三，营造良好数字生态。需要建立健全的数据规则和治理体系，加速建设数据资源产权制度，强化全生命周期数据安全保护，推进数据跨境安全合规流动。进一步完善数据产权交易机制和标准化数据市场，打造有序、公平、自由的市场生态，激励数字经济的健康发展。此外，持续提升数字政府的网络安全基础，强化对关键信息基础设施和重要数据的严密保护，提高全社会网络安全能力，还应积极参与数字治理国际规则的制定，推动跨境信息安全共享和数字技术合作，充分发挥国际合作的协同效应，加快实现数字生态建设的各项任务。

8.3 共建共用和数据驱动成为数字政府建设重要趋势

数字政府建设未来将以"共建共用"政务平台为核心，不断提高数字政府建设的集约化、标准化，同时通过高效的数据资源汇聚和整合分析更好地实现政务服务，并进一步提高数字政府安全保障能力。与此同时，地方政府也将更加积极主动地开展数字政府建设并加大相关投入。

一是政务平台"共建共用"成为大势所趋。随着大型数字政府政务平台支撑能力的不断提升，其支撑效果不断凸显，政务信息共享、协同运转成为可能，特别是国家电子政务外网和政务云平台，为政务系统集约化建设提供了坚实基础。

二是数据资源价值得到进一步重视。数据资源是数字政府建设的核心要素，优秀的数据资源体系是实现政务数字化的坚实基础。随着近年来政府数据要素供给能力不断优化、数据共享开放水平不断提升、数据开发利用程度逐步提高，政府将有能力进一步释放数据资源价值。

三是大数据整合分析成为政府履职的关键抓手。随着技术不断成熟，大数据成为经济运行调节的关键工具，立体化的新型市场监管体系加速构建，社会管理转向横纵协同线上线下融合，公共服务日益方便快捷，生态环境动态感知与立体防控能力升级。

四是安全保障更加高效可控。以《中华人民共和国网络安全法》为基础构建的网络安全法规体系逐步健全，CPU、操作系统等软硬件设施国产化率不断提高，数据安全合规体系建设有序推进，使得数字政府安全保障能力得到跨越式提升。

五是地方政府加快推进数字政府落地。浙江、吉林、广东、江苏、四川、黑龙江、甘肃、湖南等省陆续出台"十四五"数字政府发展规划（表8.1），纷纷提出相关发展目标，未来将推动数字政府政策实施和应用落地。

表 8.1　部分省份数字政府建设规划及 2025 年目标

印发时间	政策名称	2025 年目标愿景
2021 年 6 月	《浙江省数字政府建设"十四五"规划》	到 2025 年，浙江省形成比较成熟完备的数字政府实践体系、理论体系、制度体系，基本建成"整体智治、唯实惟先"的现代政府，省域治理现代化先行示范作用显现

续表

印发时间	政策名称	2025 年目标愿景
2021 年 7 月	《吉林省数字政府建设"十四五"规划》	2025 年底前，全省政务服务流程和模式持续优化，网上政务服务能力全面提升，高频政务服务事项网办发生率达到 90% 以上，数字政府建设达到全国先进水平
2021 年 7 月	《广东省数字政府改革建设"十四五"规划》	力争到 2025 年全面建成"智领粤政、善治为民"的"广东数字政府 2.0"，构建"数据＋服务＋治理＋协同＋决策"的政府运行新范式，加快政府职能转变，不断提高政府履职信息化、智能化、智慧化水平，持续提升群众、企业、公职人员获得感，有效解决数字鸿沟问题，加快实现省域治理体系和治理能力现代化，打造全国数字政府建设标杆
2021 年 8 月	《江苏省"十四五"数字政府建设规划》	到 2025 年，江苏省基本建成基于数字和网络空间的唯实领先的数字政府，"用数据服务、用数据治理、用数据决策、用数据创新"形成常态，政府效能显著提升，数字化、智能化、一体化水平位居全国前列
2021 年 9 月	《四川省"十四五"数字政府建设规划》	到 2025 年，四川省数字政府建设整体水平迈入全国先进行列，全面建成协同高效、治理精准、决策科学、人民满意的数字政府，开启数据驱动政务服务和政务运行新模式
2021 年 9 月	《甘肃省十四五数字政府建设规划（2021—2025）》	争取到 2025 年，甘肃省数字技术广泛应用于政府决策和管理服务，政府履职的数字化智能化水平显著提升，升级重构全省一体化政务服务平台和一体化在线监管平台，打造"甘快办""甘政通""12345 热线""不来即享"四个甘肃省数字政府特色品牌
2021 年 12 月	《黑龙江省"十四五"数字政府建设规划》	到 2025 年，基本建成全省一体化数字政府，数字基础支撑能力大幅度提升，政府治理能力和治理水平显著提升，营商环境大幅改善，力争全省数字政府建设主要指标达到全国中上游水平
2022 年 3 月	《湖南省"十四五"数字政府建设实施方案》	湖南省力争到 2025 年数字政府基础支撑、数据资源利用、业务应用、安全保障、管理体制机制等框架体系基本形成、一体推进

第9章　数字化擘画未来社会新蓝图

加快数字社会建设步伐是推动现代化发展的必然要求，是贯彻新发展理念的题中应有之义，是创造美好生活的重要手段。要贯彻落实"十四五"时期数字社会建设重点任务，努力把数字社会建设蓝图变成美好现实。

在新一轮科技革命推动下，人类正在加速迈向数字社会。"十四五"规划、2035年远景目标纲要及系列政策文件对加快数字社会建设做出部署安排，提出"加快数字社会建设步伐""适应数字技术全面融入社会交往和日常生活新趋势，促进公共服务和社会运行方式创新，构筑全民畅享的数字生活"，描绘了未来我国数字社会建设的图景。

9.1　政策推动数字社会发展迈上新台阶

近年来，各地开展了各具特色的"互联网+"建设，加快建设数字政府、数字社会，稳步推进智慧医养、智慧交通、智慧教育、智慧文体、智慧安防等。各类政策文件陆续出台，在总结经验、瞄准社会需求的基础上，对加快数字社会建设步伐进行了全面的战略部署，以数字乡村、智慧交通、智慧城市政策为例。

数字乡村顶层设计逐步完善。2021年3月，出台《中华人民共和国国民经济和社会发展第十四个五年规划和2035年远景目标纲要》提出"加快发展智慧农业""加快发展现代农业"。2021年4月，全国人大常务委员会通过《中华人民共和国乡村振兴促进法》，提及"国家鼓励农业信息化建设""加快推进数字乡村建设"。2021年12月中央网信委出台《"十四五"国家信息化规划》提出推进新型智慧城市与数字乡村统筹规划。2022年2月，国务院发布《"十四五"推进农业农村现代化规划》等，对数字乡村建设做出进一步部署。中央网信办、农业农村部会同有关部门先后印发《数字乡村发展行动计划（2022—2025 年）》《数字乡村建设指南 1.0》《"十四五"全国农业农村信息化发展规划》等，对数字乡村建设的目标任务、政策举措做了进一步细化完善。

智慧交通政策陆续出台。2021 年 12 月，交通运输部颁布的《数字交通"十四五"发展规划》提出，到 2025 年，"交通设施数字感知，信息网络广泛覆盖，运输服务便捷智能，行业治理在线协同，技术应用创新活跃，网络安全保障有力"的数字交通体系深入推进，"一脑、五网、两体系"的发展格局基本建成，行业数字化、网络化、智能化水平显著提升。2022 年 3 月，交通运输部、科技部颁布的《交通领域科技创新中长期发展规划纲要（2021—2035 年）》提出，提升交通装备关键技术自主化水平，推进运输服务与组织智能高效发展，大力推动深度融合的智慧交通建设，推进一体化协同化的平安交通建设，构建全寿命周期绿色交通技术体系。2022 年 4 月，交通运输部颁布的《"十四五"交通领域科技创新规划》提出，交通基础设施数字化升级关键技术，研发交通基础设施状态信息传输与组网、交通专用公共数字地图、高效安全云 / 边协同控制等技术，构建高精度交通公共地理信息平台。

智慧城市政策框架不断完善。2022 年 1 月，国务院印发《"十四五"数字经济发展规划》。该规划提出要"统筹推动新型智慧城市和数字乡村建设，协同优化城乡公共服务。深化新型智慧城市建设，推动城市数据整合共享和业务协同，提升城市综合管理服务能力，完善城市信息模型平台和运行管理服务平台，因地制宜构建数字孪生城市"。2021 年 12 月，中央网信办印发《"十四五"国家信息化规划》，对我国"十四五"时期信息化发展做出部署安排。该规划提出"新型智慧城市分级分类有序推进，数字乡村建设稳步开展，城乡信息化协调发展水平显著提升""推进新型智慧城市高质量发展。因地制宜推进智慧城市群一体化发展"。2020 年以来，先后出台了一系列政策，为新时期智慧城市发展提出了新要求。《国家发展改革委关于加快开展县城城镇化补短板强弱项工作的通知》《国家发展改革委办公厅关于加快落实新型城镇化建设补短板强弱项工

作　有序推进县城智慧化改造的通知》等政策文件为县城智慧城市建设指明了方向。2022 年 3 月 10 日，国家发展改革委印发《2022 年新型城镇化和城乡融合发展重点任务》明确提出，探索建设"城市数据大脑"，加快构建城市级大数据综合应用平台，打通城市数据感知、分析、决策、执行环节。推进市政公用设施及建筑等物联网应用、智能化改造，促进学校、医院、养老院、图书馆等资源数字化。

9.2　数字社会建设向纵深发展

近年来，党和国家紧扣我国社会主要矛盾变化，数字公共服务体系持续演进升级，平台化、智能化、无感式服务规模推广，数字便民惠民服务体系进一步向多样化、个性化、多层次、高品质升级。智慧城市和数字乡村加快高标准建设，公共服务体系适老化改造规模化推进，促进数字社会建设更加均衡包容。数字技术推动社会治安防控、应急管理响应能力快速跃升，不断提升社会精细化治理能力，人民群众获得感、幸福感、安全感进一步增强。

9.2.1　公共服务便捷度显著提升

公共服务便捷度的提升在多个领域均有体现，数字化技术进步为满足人民群众美好生活需要提供了技术支撑，推动教育、医疗、社保就业服务大众能力不断提升，数字服务普惠性不断增强。

一是"互联网＋教育"推动优质教育资源共享。数字校园建设稳步推进，《数字中国发展报告（2021 年）》数据显示，我国搭建无线网络的学校数量超过 21 万所，86.2% 的学校实现了多媒体教学设备全覆盖，学校统一配备的师生终端数量近 3000 万台，各级各类学校已基本具备信息化教学环境。国家数字教育资源公共服务体系不断完善，已接入各级平台 233 个，社会优质教育资源加速汇聚，累计上架 176 个教育服务应用，资源覆盖小学、初中、高中共 85 个学科，总数达 5000 余万条，供广大师生免费获取，助力教育公平惠及更多群体。慕课在线教学成为"新常态"，教育部统计数据显示，截至 2022 年 11 月，国家高等教育智慧教育平台上线慕课数量超过 6.2 万门，注册用户 4.0 亿人，学习人数达 9.8 亿人，在校生获得慕课学分认定 3.5 亿人，慕课数量和学习人数均居世界第一（图 9.1）。国家中小学网络云平台有力支撑"停课不停学"工作，其浏览次数达 35.38 亿次。

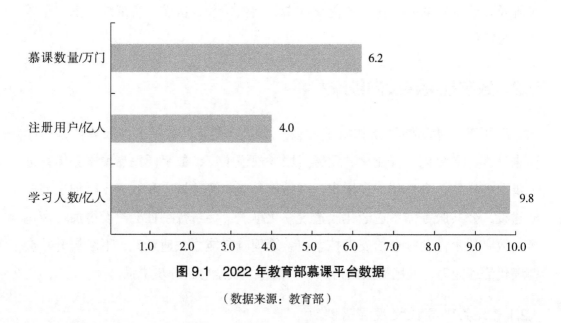

图 9.1　2022 年教育部慕课平台数据

（数据来源：教育部）

二是"互联网＋医疗健康"缓解看病就医难题。远程医疗和预约诊疗加速普及，有效提升医疗服务能力。据中国互联网络信息中心于 2023 年 3 月发布的第 51 次《中国互联网络发展状况统计报告》显示，截至 2022 年 12 月，我国互联网医疗用户规模达 3.63 亿户，占网民整体的 34.0%，同比增长 21.7%。截至 2022 年底，我国互联网医院数超过 1700 家，在线医疗用户数超过 3 亿人；二级以上公立医院中，能够提供远程医疗服务的达 64.6%，开通预约诊疗服务的达 54.5%。"5G＋医疗健康"加速发展，超过 600 家三级医院完成 5G 网络深度覆盖，在急诊救治、远程诊断、健康管理等场景探索应用，5G 远程超声机器人等医疗健康终端实现商用。国家级中医馆健康信息平台服务能力持续提升，截至 2021 年 12 月，累计接入 1.62 万家中医馆，注册医生 4.4 万人，完成接诊 1575.57 万人次。国家医疗保障局全面推进医保信息化和标准化建设。国家医疗保障局公开信息显示，截至 2022 年 5 月，全国统一的医保信息平台基本建设完成，覆盖全国 96% 的省（区、市）和新疆生产建设兵团，接入几乎所有的定点医疗机构和零售药店，运行效率平均提升 3~5 倍。全国统一的医保信息业务编码标准全面落地应用。医保电子凭证全面推广应用，全渠道激活用户超过 10 亿人，可在全国 31 个省（区、市）和新疆生产建设兵团使用，接入定点医疗机构超 34 万家、定点零售药店超 37.2 万家，累计结算超 6.7 亿笔。医疗健康领域的数字化创新不断加速，一批典型的医疗健康数字化转型解决方案应运而生。例如，飞算数智科技（深圳）有限公司通过数据开发治理工具 SoData 数据机器人，可一站式解决医疗行业数据"实时、轻量、多源、异构"需求，主要解决系统不稳定、数据转移耗时长、数据转移时效慢、数据多源异构、数据的完整性、一致性难以保证等问题。

专栏 14

飞算数智科技（深圳）有限公司：以数致用，SoData 数据机器人赋能医疗行业高质量发展，助推数字社会建设案例

1. 案例解决的核心问题

飞算数智科技（深圳）有限公司（简称"飞算科技"），是一家自主创新型的数字科技公司，以河南省某三级综合医院业务系统数据为基础，通过数据开发治理工具 SoData 数据机器人，可一站式解决企业数据"实时、轻量、多源、异构"需求，主要解决系统不稳定、数据转移耗时长、数据转移时效慢、数据多源异构、数据的完整性、一致性难以保证的问题，带来了保证稳定、效率提高、扩展性强的收益和成效，获得了省卫健委网络安全与信息化领导小组的认可。

2. 案例的优点

目前飞算数智科技（深圳）有限公司基于 Flink 框架进行的深度二次开发，让 SoData 数据机器人支持批次数据和实时数据整合在同一任务中进行处理，实现多作业并行开发，以此来解决医院在资源有限的情况下无法实现大规模数据迁

移的难题。支持主流数据库间的"批次＋实时"同步，将市场主流的数据库之间的转换逻辑封装成批量同步组件和实时同步组件，减少异构数据转换的操作。最终做到秒级延迟，稳定高效，平均延迟 5~10 秒。

3. 案例应用情况及取得的成效

"可视化运维＋数据质量管理＋血缘关系追踪"保证医院数据开发治理全流程管理，可视化作业运维，减少运维成本提高工作效率。打造一体化数据治理体系，全面监控数据全生命周期各环节，实现全面稽核和预警，通过严谨的数据质量评分机制，让数据治理有理有据。

（详见案例篇 – 案例 11）

三是就业社保数字化提升保障服务能力。社保数字化服务覆盖面进一步扩大，人力资源社会保障部公开数据显示，截至 2022 年 9 月底，全国社会保障卡持卡人数达到 13.65 亿人，普及率达 95.7%，其中电子社保卡领用人数超过 6.4 亿人。《数字中国发展报告（2021 年）》数据显示，"就业在线"平台服务渠道不断拓展，累计发布超过 1639 万条岗位信息，访问量超过 9196 万次。中国公共招聘网累计发布岗位信息数量为 45 869 万条，浏览量 18 308 万次。以电子社保卡为载体的职业培训券工作全面推广，全年累计发券 1873.74 万张、用券 496.21 万张。职业标准不断健全，人力资源社会保障部、工业和信息化部联合颁布集成电路、人工智能、物联网、云计算、工业互联网、虚拟现实工程技术人员和数字化管理师等 7 个数字技术技能新职业国家标准，为相关人才培训服务规范发展提供依据。

四是包容普惠的数字服务环境加快构建。互联网应用适老化及无障碍改造行动持续推进，工业和信息化部数据显示，截至 2022 年 2 月，共组织完成 227 家网站和 APP 改造，推出字体放大、语音引导、"一键直连人工客服"等老年人常用功能，残疾人浏览网站、使用手机 APP 的可感知性、可理解性、可操作性进一步提高。民政部大力提升社会救助精准化水平，汇聚全国约 5800 多万低收入人口数据，加快实现救助对象动态监测和预警；实现全国 49.2 万个村委会、

11.5 万个居委会信息汇聚、统一管理和动态更新，支撑基层治理精细化管理和服务能力不断提升。根据中国互联网络信息中心统计，截至 2021 年 12 月，我国能独立完成出示健康码 / 行程卡、购买生活用品和查找信息等网络活动的老年网民比例已分别达 69.7%、52.1% 和 46.2%（图 9.2）。面向特殊群体的"跨省通办"服务体系加快推广覆盖，实现残疾人证"一地申请、全国通办"，累计办理残疾人证事项 366.4 万件次，其中"跨省通办" 2.4 万件次。江苏省人力资源和社会保障厅在腾讯云的技术支持下建设全省集中的"江苏省人社一体化信息平台"，纵贯省、市、县、乡、村五级业务经办，是支撑省级人社业务和服务上亿人的平台。

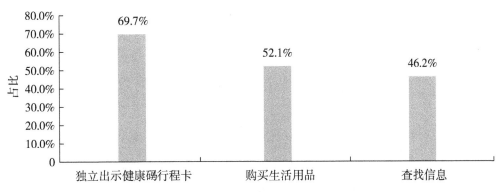

图 9.2　老年网民能独立完成网络行为人数占比

（数据来源：中国互联网络信息中心）

▶ **专栏 15**

腾讯云：江苏省人社一体化信息平台

1. 案例解决的核心问题

腾讯云是腾讯公司旗下的产品，为开发者及企业提供云服务、云数据、云运营等整体一站式服务方案。

2. 案例的优点

为响应国家"放管服"改革号召，推动业务系统性的数字化转型升级，江苏省人力资源和社会保障厅着手建设全省集中的一体化云平台——江苏省人社一体化信息平台。江苏服务上亿人，纵贯省、市、县、乡、村五级业务经办，要支撑省级人社业务的平台，具有极大的复杂性。以前，江苏省的人社数据分散在各市的"盘子"里，各地都有自己的一套人社系统，业务模块分散，数据统计烦琐，不便于跨省跨市事务的办理。同时，如何应对海量数据高并发，并实现7×24小时全天候服务不断档，业务不掉线等，都是平台建设的关键和难点。

3. 案例应用情况及取得的成效

平台取得了一定的成效，截至目前，平台服务覆盖全省8000多万常住人口、3000万省外人员以及近300万家企事业单位。同时大大提升了省级人社平台的服务效能和服务质量。在平台建设过程中，充分借鉴全国各地的好经验、好做法，每个系统都按照全国最先进的标准进行设计和建设，同时积聚全省人社系统之力和全国最好的开发团队，集中攻破技术、业务、数据和管理等难题，新平台特点非常鲜明。江苏省的人社系统业务架构复杂、并发度高，在灾备设计、高可用能力保障上，整个数据库采用了一主三从、强同步复制和异地灾备的备份方案，在某个数据节点出现故障时，都能保证数据的完整和一致。哪怕出现大规模的突发情况，通过异地灾备，也能够及时进行数据恢复。

（详见案例篇 – 案例12）

9.2.2　城乡数字化改造稳步推进

智慧城市和数字乡村双线并举，共同推进城乡数字化改造稳步向前。近年来，多个省市围绕智慧城市建设和数字乡村建设做出部署，以数字"算力"提升区域"脑力"，治理能力现代化水平不断提升，数字技术让城乡建设更"智慧"，也让居民生活更便利。

一是智慧城市整体"智治"迈出新步伐。智慧城市三维空间数字底板建设加速推进，数字孪生城市建设加快探索。住房城乡建设部印发《城市信息模型（CIM）基础平台技术导则》（修订版），从技术实施层面加强数字孪生城市"三维数字底板"建设规范指引。雄安新区、上海、浙江等地加快打造城市级 CIM 基础平台，探索部署数字孪生应用试点。"一网统管"创新智慧城市整体智治新模式，中央网信办等 8 个部门联合启动国家智能社会治理实验基地建设，加快综合治理和城市管理、养老等重点领域治理应用探索。上海、浙江、四川等地加快打通智慧城市治理各条线，积极探索"一网管全城"。"服务整合"打造基层便民服务"一张网"，民政部加快推进"金民工程"养老服务信息系统线上运行。各地方以智慧社区生态建设为抓手，加大社会服务力量引入整合，浙江推进建设"未来社区"，促进公共服务资源集约统筹，探索建设共同富裕现代化基本单元。例如，枣庄市民卡管理有限公司的枣庄新型智慧城市建设项目立足智慧社区、智慧交通、生活服务和市民码四大核心领域，打造枣庄智慧数字平台建设运营新范本。通过以点带面，并与居民需求相结合，最终实现智慧城市的全面发展和不断完善（详见案例篇 - 案例 13）。2020 年 3 月，济南日报报业集团与济南市 12345 市民服务热线创新为民服务，与党媒平台合作，打造"泉城总客服"，为国内首家热线办理流程移动化案例，以架构在爱济南客户端的"济南市掌上 12345"作为移动服务主要平台，助推党媒深度、有效参与社会治理。

二是数字乡村建设蹄疾步稳。数字乡村顶层设计逐步完善，印发《数字乡村发展行动计划（2022—2025 年）》《数字乡村建设指南 1.0》等政策文件，建立数字乡村发展统筹协调机制，进一步强化部门协同和资源整合。数字乡村试点工作扎实推进，首批国家数字乡村试点地区完成阶段性评估，总结提炼出一批可复制、可推广的经验做法。浙江、河北、辽宁、黑龙江、江苏、安徽、重庆、江西等 15 个省份开展省级试点示范工作，探索数字乡村建设新模式新方法。城乡数字鸿沟不断缩小，乡村数字治理体系更加健全，网上政务服务省、市、县、乡、村五级全覆盖加快推进，更多政务服务事项下沉至基层办理。乡村内生动力不断增强，截至 2021 年底，通过线上线下相结合的方式，累计为超过 1.4 亿人次农民群众提供手机应用技能培训。《中国数字乡村发展报告（2022年）》显示，近年来，乡村数字基础设施建设快速推进，截至 2022 年底，5G 网络覆盖所有县城城区，全国农村网络零售额达 2.17 万亿元，智慧农业建设快速起步，农业生产信息化率提升至 25.4%，乡村数字化治理效能持续提升，全国六类涉农政务服务事项综合在线办事率达 68.2%，数字惠民服务扎实推进，信息化为基础的村级综合服务站覆盖率达到 86.0%（图 9.3）。

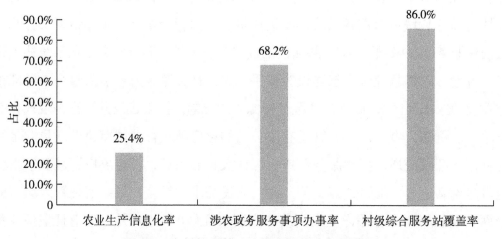

图 9.3 乡村数字基础设施建设部分指标情况

（数据来源：《中国数字乡村发展报告（2022 年）》）

9.2.3 数字化生活新场景逐步融入居民生活

随着数字化转型的扩散，一些新的应用场景逐渐成为居民生活的一部分。交通运输、社会治安应急管理等在数字技术加持下进入效率高速跃升阶段，相关应用场景的数字化提升了居民生活便利水平和政府社会管理水平。

一是交通运输数字化升级全面推进。交通新型基础设施网络加速构建，高速公路视频监控和电子不停车收费系统（ETC）广泛覆盖。《中国可持续交通发展报告》显示，截至 2020 年底，我国累计发行 ETC 用户总量达 2.25 亿人。自动驾驶创新应用深入探索，交通运输部公开数据显示，截至 2021 年 8 月，我国已建设 16 个智能网联汽车测试示范区，开放 3500 余千米测试道路，发放 700 余张测试牌照，道路测试总里程超过 700 万千米。交通运输行业北斗系统应用深入推进，已安装使用北斗终端的道路重点营运车辆达到 783 万辆。数字出行服务更加便捷，交通运输部公开数据显示，截至 2021 年底，全国共有 102 个城市开通 95128 电话叫车服务，网约车"一键叫车"功能覆盖近 300 个城市。智慧港口、智慧航道建设深入推进，交通运输部公开数据显示，截至 2022 年中旬，我国已建成投运自动化码头 10 座，在建自动化码头 8 座，已建和在建自动化码头规模均居世界首位，长江干线电子航道图全覆盖并向支流延伸。港航区块链电子放货平台加快应用，全年累计完成 44.1 万次标准集装箱电子放货，集装箱单证平均办理时间由 2 天压缩至 4 小时以内。

二是社会治安和应急信息化体系加快建设。2021 年，公安部持续推进治安防控体系建设，以"示范城市"创建活动为牵引，打造智慧安防小区 10 万余个。各地社会治安防控智能化应用加速探索。上海搭建反诈预警数据模型，有效监测疑似电信网络诈骗电话和短信。应急管理部坚持以信息化推进应急管理现代化，应急指挥"一张图"实战保障稳步增强，接入北斗实时定位救援队伍、全国气象短临监测预警等数据，"空天地一体化"的部—省—现场应急通信指挥系统、通信大数据分析，有力支撑自然灾害等突发事件应急救援指挥通信保障和决策。危险化学品安全生产风险监测预警的覆盖面持续拓展，实现我国 7048 家危险化学品生产企业储罐区重大危险源和全部硝酸铵仓库实时联网。全面推进"互联网 +"监管执法，26 个地区开展电力大数据分析应用，通过对 1.4 万家高危行业企业用电情况分析，发现超负荷生产、明停暗开等违规行为并及时做出处理。太极计算机股份有限公司的河北省应急管理信息化综合应用平台以河北省应急管理大数据中心为底座，融合空天地一体化通信手段、实现安全生产、防灾减灾、应急救援等核心业务信息化支撑，数字化赋能，推动应急管理事业向现代化发展。

专栏 16

太极计算机股份有限公司：河北省应急管理综合应用平台

1. 案例解决的核心问题

太极计算机股份有限公司，成功地塑造推广了"太极电子政务""太极数字企业""太极数字教育""太极金融""太极智能楼宇"等软件品牌和行业信息化整体解决方案，致力于提高河北省应急管理系统各级部门业务需求的智慧化手段，提升精准监管、风险预警、辅助决策、指挥救援的能力。

2. 案例的优点

创立的河北省应急管理综合应用平台是河北省应急管理信息化建设的"重头戏"，覆盖突发事件应急处置事前、事发、事中及事后的全过程业务线，平台以河北省应急管理大数据中心为底座，融合空天地一体化通信手段、实现安全生产、防灾减灾、应急救援等核心业务信息化支撑，数字化赋能，推动应急管理事业向现代化发展。

3. 案例应用情况及取得的成效

平台具有"一中心，八板块"。一中心指依托河北省政务云，建成全省应急管理大数据中心。八板块指资源共享、视频汇聚、融合通信、大数据应用四大能力支撑板块和安全生产、防灾减灾、应急救援、政务管理四大业务应用板块。因此，平台实现了数据与通信的互联互通，形成了大数据的分析挖掘能力和提供数据采集、数据治理、数据分析及数据共享能力，并且可以在安全生产方面及应急救援方面提供安全保障措施。

（详见案例篇 – 案例 14）

9.3 数字化发展驱动城市形态革命

数字化重新定义了城市形态，随着社会数字化覆盖率的不断提高，智慧城市建设与数字乡村建设成为城乡转型发展的重要驱动力，对城市数字化的重视程度在很大程度上决定着一座城市的竞争力。

社会数字化覆盖率进一步提高。随着我国数字化技术的不断进步和国家政策的进一步推动，社会治理将越来越依赖于数字技术，一批数字社会项目加快建设推进（表9.1），社会生活方方面面数字化的覆盖率将不断提高。数字技术的高资源利用率意味着各类社会服务的成本不断降低，医疗、教育、社保、养老、就业等数字化水平将大幅提高，生活水平得到提升。

表 9.1　部分地区数字社会项目建设一览

项目名称	项目简介
"公交数据大脑"助力公交行业数字化转型项目	为缓解城市道路交通拥堵、降低交通能耗、减少空气环境污染，提升公交吸引力已经迫在眉睫。而对公交行业进行剖析，可发现普遍存在数据质量不高、算力储备不足、算法模型失准及孤立数据烟囱等问题。公交行业迫切需要新型技术方案来辅助实现数字化转型，以满足乘客日益增长的美好出行需求。"公交数据大脑"基于新型互联网架构，采用云计算、大数据、AI 技术和数据安全等先进技术，结合公交运营业务和管理规范，对公交数据进行治理，融合多源数据，挖潜数据价值，应用到公交运营、服务和管理。主要包括基础数据层平台、数据中台和运营端、服务端、治理端等应用功能。目前"公交数据大脑"系列产品已由杭州孵化而出，拓展至昆明、威海、上饶、嘉兴等全国 20 余城。以"公交数据大脑"在发轫地杭州的应用为例，取得的成效主要有：①公交基础数据更准确，数据维护更方便；②数据支撑出行服务，信息服务更精准；③客流分析更直观，数据应用更有效；④创新线网分析数字化，方便线路管理人员使用；⑤实现数字化云调度，有效提高运营效率
"黄河云"民生服务数字化平台	为贯彻落实中央关于推进媒体深度融合的工作部署，发挥互联网传播优势，强化先进技术的支撑作用，探索城市党媒利用新媒体手段助力地方社会治理工作的全新媒体融合模式。基于"新黄河""爱济南"等新媒体平台矩阵，并与地方行政部门合作，推出了民生诉求、参政议政、城市管理等移动互联网平台，通过搭建"媒体主导、政府推动，上下联动、左右联通"的社会治理体系。平台启用以来，先后为海客新闻客户端等一批中央级媒体项目提供支撑，为潍坊报业集团、泰安报业传媒集团等十几家报业媒体，济南市市中区、槐荫区等 20 多家区（县）宣传部、政企新闻机构提供了数字技术产品

项目名称	项目简介
5G+XR 超高清沉浸式数字化纪念馆	为纪念厦门经济特区建设 40 周年，通过数字化沉浸式体验的方式，将厦门 40 年风雨历程呈现，全方位展现新时代的经济特区。以 5G 高速率、高可靠、超高清移动通信技术为支撑，以前瞻性云、边缘计算、VR、AR 等数字多媒体技术为展示手段，将最新的 5G 技术与混合现实技术进行深度融合，打造 5G 超高清沉浸式数字化纪念馆。整体解决方案通过一组 5G+AR 综合数字全息展区、四大特色场景、两类标志性造型、一套整馆多媒体安全播控系统等四个模块，聚焦 5G+AI/AR、裸眼 3D、3D 全息、沉浸式空间等终端核心技术能力，同时，结合厦门 40 周年不同时期的 20 多组珍贵的音视频内容，将特区 40 周年文化以数字内容形式进行表达，展示特区 40 周年发展历程、历史价值和文化价值。展馆于 2021 年 12 月开馆，截至 2022 年 4 月底，累计参观人次达 70 余万人次。该项目属于政治工程，现已接受省、市领导视察，深受政府领导的肯定，后续将迎接国家、省、市级领导参观
北京 MaaS+碳普惠	MaaS 理念在 2014 年在欧洲 ITS 大会上首次提出。出行即服务（Mobility as a Service），简称 MaaS，这一理念出现于数智技术推动交通供需体系重大升级的历史时期，代表着未来交通出行的变革方向。MaaS 是一种可以提供门到门、一体化交通服务的新型出行服务体系。MaaS 可以让出行者多一种更加省心、省力、省时、省钱的选择。之前能实现长距离"门到门"的只有小汽车一种方式，否则都需要等车、换乘、找路、排队，而现在通过信息服务、预约服务、共享服务等，打通各种交通环节中线上线下服务壁垒，提供给出行者一揽子的出行方案，多了一种"门到门"的选择。2019 年以来，北京启动 MaaS 平台建设，三年来北京 MaaS 始终坚持"绿色"和"一体化"两大理念，围绕 MaaS 体系发展思路，持续优化 MaaS 服务并推出碳普惠创新模式，形成北京特色 MaaS 绿色出行服务体系。通过北京 MaaS 平台为用户提供分类引导、实时公交预报、地铁拥挤度预报、个性化综合交通出行规划、错峰出行引导、绿色出行激励等功能，提高市民公共出行体验。根据统计，2020 年底，累计为超过 3000 万人提供了近 40 亿人次的 MaaS 绿色出行服务，平台日均绿色出行人次达 1296 万人次。截至 2022 年 3 月底，北京 MaaS 绿色出行平台用户人数已破百万人

项目名称	项目简介
东营市新型智慧开发区城市底座建设项目	该项目针对以下问题：城市感知能力不足，亟须以物联传感设备和管理平台支撑城市实时感知；城市智能水平不足，亟须以 AI 智能平台实现智能识别预警；运营指挥能力不足，亟须打造综合运营管理中心；智慧应用效能不足，亟须建设智慧交通等重点领域应用；老百姓对智慧化的获得感不足，亟须通过无线覆盖等方式方便百姓生活。新型智慧开发区城市底座建设项目涵盖新型智慧开发区 1.7 万件物联设备的安装实施，覆盖主城区 123 平方千米。项目围绕"优政、惠民、兴业、强基"，从"城市治理、应急指挥、环保宜居、经济运行、产业发展"等方面对智慧开发区进行设计规划，构建"两基建、四平台、百应用、一张图、一中心"应用模式，布设城市感知部件，集成相关业务系统，汇聚各类信息资源，对"人、物、事"进行智慧管理，实现基础设施智能化、公共服务便捷化、社会治理精细化，进一步提高城市智慧化管理水平
福州市鼓楼区中山智慧街区项目	随着 5G 技术的发展，全方位线上化转移成为趋势。全国各地的旅游景点都碰到类似的需求，即游客希望深入了解景点的风光、人文和历史，而景点管理处及当地政府则希望通过先进的技术降本增效，为游客提供便捷、高效的景点服务，从而带动当地旅游业的发展。因此，从解决需求动机的问题上，该项目完美解决了各方的需求，利用 5G+ 云的技术创新应用，为后疫情时代下的旅游导览工作进行科技赋能。为游客设置串联各景点的寻宝故事体验路线，体验内容包括现场 AR 全景直播、移步换景方式 AR 讲解、AI 导游、历史人物 AR 合影、趣味文化探索小游戏等，将冶山历史文化风貌区打造成为以"实景 + 数字体验"的形式全面展示"闽都之根"的阵地。体现闽都历史文化与现代城市功能、社区文化相结合，通过科技手段展示城池演变、城隍文化、科举文化、名人文化及山水风貌为特征的城市特色风貌地区等内容。以鼓东街道中山街区为目标，打造了一款全域智慧旅游服务系统。以微信公众号为载体，为游客提供智慧导览服务，开展文化探索游戏与景点 AR 体验结合活动，AI 智慧助手提供周边生活信息查询服务等功能

项目名称	项目简介
贵阳经开区"三感社区"项目	本项目主要目标有三点：第一降低城市社区治理的成本；第二促进居民与政府的良性互动；第三增强居民获得感幸福感。该项目对 36 个封闭社区的出入口进行公共安全体系的覆盖，具备多种开门方式、实有人口信息采集、人像抓拍、视频存储、信息发布、巡防打卡、定制开发等多种功能，完善社区配套、提升社区便民能力，改善小区人居环境。一是安全隐患主动识别。违章建筑、群租房、占用应急通道、井盖缺失破损、消防栓缺水、消防水箱水压不足等安全问题自动识别。二是物业管理提效增值。线上线下结合，系统化管理，降低物业成本 30% 以上，提供多渠道便捷的缴费方式。三是商业运营开放生态。通过统一的开放平台，打造便捷的社区服务生态产业，辅助商户实现精准营销，提升收益，为社区的人、车、房等 5 类服务对象，提供 16 余种的主要服务业务，实现社区服务的品质化，打造让人民群众有更多获得感、幸福感、安全感的"三感社区"

　　智慧城市建设是未来我国城市建设主攻方向。截至 2023 年初，全国 31 个省、直辖市、自治区均已发布智慧城市建设工作安排，但部分地区还存在发展质量不高、发展同质化等问题。在未来数字社会建设过程中，随着城市社会的到来，智慧城市建设仍然将受到极大的关注，并成为促进城市转型发展、提升城市治理科学化、精细化、智能化的重要路径，也会成为城市转型发展的强大动力，根据各自城市特点制定的差异化的智慧城市建设将为城市发展带来竞争筹码。

　　数字乡村建设成为乡村振兴战略的有力抓手。乡村振兴战略的实施，数字乡村建设无疑是一个重要抓手，全面推进数字乡村建设，将是数字社会建设一项重大而长远的目标，涉及面非常宽，容量很大，前景很广阔，"十四五"期间直至 2035 年都有很大的发展空间。

第 10 章　数字化构建绿色智慧生态文明

良好生态环境是最公平的公共产品，是最普惠的民生福祉。在数字化和生态化融合发展的背景下，生态文明数字化转型成为新时代高质量发展的战略选择，是生态治理提质增效的高质量发展要求，是满足人民群众对美好生活环境向往的必然需求，是走中国式现代化发展道路并引领全球环境治理贡献中国方案的实际需要。数字生态文明更加强调绿色、协调、智能的生产、生活方式和消费模式，绿色低碳技术和设备的使用，以及数字化的环境治理方式等。党的二十大报告中指出："加快发展方式绿色转型，发展绿色低碳产业，推动形成绿色低碳的生产方式和生活方式"。《"十四五"国家信息化规划》提出，要深入推进绿色智慧生态文明建设，推动数字化绿色化协同发展。同时，需持续推广智能绿色制造、绿色高效能源、信息载体绿色化，发展智慧物流，倡导低碳出行，推动形成节约适度、绿色低碳、文明健康的生产方式、生活方式和消费模式，形成全社会共同参与的良好风尚。另外，还要强化生态环境数字化治理，加强长江禁捕执法监管和水生生物多样性保护，完善污染防治区域联动机制和陆海统筹的生态环境治理体系。《关于完整准确全面贯彻新发展理念做好碳达峰碳中和工作的意见》提出，要推动互联网、大数据、人工智能、5G 等新兴技术与绿色低碳产业深度融合。

10.1　绿色生产方式加快形成

利用数字技术推动工业领域绿色低碳转型成为工业高质量发展的必由之路。《"十四五"工业绿色发展规划》提出，以数字化转型驱动生产方式变革，采用工业互联网、大数据、5G 等新一代信息技术提升能源、资源、环境管理水平，深化生产制造过程的数字化应用，赋能绿色制造。《工业能效提升行动计划》提出，需充分发挥数字技术对工业能效提升的赋能作用，推动构建状态感知、实时分析、科学决策、精确执行的能源管控体系，加速生产方式数字化、绿色化转型。《关于加快推动工业资源综合利用的实施方案》提出，在实施工业资源综合利用能力提升的工程中加强数字化赋能。

10.1.1 数字技术赋能行业绿色化转型

5G、人工智能、物联网、云计算、大数据、数字孪生、区块链等新一代信息技术与工业领域不断深度融合应用，绿色研发设计、工艺优化降碳、生产协同增效、绿色仓储配送、固体废物循环利用、用能设备管理、能源平衡调度、污染物监测、碳资产管理、产业链协同等绿色化生产方式不断出现，现代化绿色产业体系逐步建立，数字技术的应用在绿色产品生产、工业流程节能减排降耗、工业能效提升、废料再利用等方面发挥了积极的作用。2022 年 6 月，工业和信息化部发布的数据显示，2022 年以来，我国制造业绿色化转型步伐加快，绿色制造体系建设深入推进，绿色产业正在成为工业经济高质量发展的推动力。我国单位 GDP 能耗持续下降，一季度万元国内生产总值能耗同比下降 2.3%。重点行业和重要领域工业、企业的绿色化改造加速推进，钢铁、石化化工、纺织等重点用能行业能效水平大幅提升。我国推动建设了 2783 家绿色工厂、223 家绿色工业园区、296 家绿色供应链企业，推广了 20 000 多种绿色产品和 2000 多项节能技术及装备产品，打造绿色典型，引领工业绿色发展。综合来看，数字技术赋能行业绿色转型主要体现在产品研发设计、生产过程、能效管理、资源综合利用 4 个方面。

一是数字技术助力绿色产品研发设计。企业通过建立数字化模型，利用数据库、大数据分析等技术，在源头设计阶段进行产品绿色创新，并基于全生命周期评价（LCA），优化性能参数，研发高效能绿色产品。《数字化助力消费品工业"三品"行动方案（2022—2025 年）》鼓励开发应用节能降耗关键技术和绿色低碳产品。海鸿电气有限公司基于绿色设计的绿色产品立体卷铁芯变压器，节约了 20%~25% 的钢材和 8%~10% 的铜材，生产过程接近零废料，与传统叠心变压器相比，空载损耗平均下降 30%，每年可节约 30 万吨标准煤。

二是数字技术赋能生产过程控制降低能耗物耗。钢铁、石化、冶金等行业运用人工智能、工业机器人、传感等技术优化工艺流程、物料调度等解决方案，实现生产过程中工艺流程的自动优化改进、能耗和物料的自动优化控制，达到降低能耗、物耗的目的。河北承德建龙 215 m^2 烧结机工程智能制造系统 EPC 项目利用钢铁烧结过程协同优化及装备智能诊断技术，建立烧结过程产量、质量、能耗多目标优化与智能控制模型，实现每吨矿的工序能耗降低 1.5 kg 标准煤，每吨矿的电耗降低 15 kW·h，每吨矿的煤气消耗降低约 10 m^3。

三是数字化驱动能效管理提档升级。通过构建状态感知、实时分析、科学决策、精确执行的能源管控体系，通过能量流、物质流等信息采集监控、智能分析和精细管理，实现以能效为约束的多目标运行决策优化。2019 年起，工业和信息化部创新开展工业节能诊断服务行动，到 2022 年底，全国已有 1.9 万家企业接受节能诊断，600 多家工业节能诊断服务机构开出约 3.7 万项节能改造诊断书，预计节能约 6659 万吨标准煤，相当于减排二氧化碳约 1.7 亿吨。华新水泥（河南信阳）有限公司自主研发集过程监控、能源管理、能源调度为一体的信息管理平台，实现生产消耗、能源消耗、生产运行参数的实时监控及数据的统计分析和预警，精细化分析能源使用情况，减少 15% 能源消耗。

四是数字化赋能工业资源综合利用水平。在钢铁、石化、建材等行业，利用数字化手段加强对工业可再生资源全生命周期的智能化采集、管理和应用，实现行业的数据共享、综合监管和可追溯，突破一批关键工艺，实现资源利用效率最大化，大幅提升能源、资源的循环利用水平，最大限度减少固体废物产生。宝武集团环境资源科技有限公司持续推进生产过程中固体废物源头减量、返生产利用、产品化销售、协同处置，拓宽固废综合利用途径，最大程度减少固体废物在社会上的周转量，探索建立"固废不出厂"模式，最终实现固废不出厂率由原来的 77.8% 提升至近 100%，其中宝钢湛江基地已率先实现 100%。

10.1.2　数字产业绿色化低碳化加速发展

信息化正成为耗能大户，数字产业的绿色化日趋重要。近年来，《新型数据中心发展三年行动计划（2021—2023 年）》《贯彻落实碳达峰碳中和目标要求 推动数据中心和 5G 等新型基础设施绿色高质量发展实施方案》《信息通信行业绿色低碳发展行动计划（2022—2025 年）》等先后出台，引导和约束数据中心和 5G 基站节能降碳。《全国一体化大数据中心协同创新体系算力枢纽实施方案》设置了数据中心平均上架率不低于 65%、数据中心电能利用效率指标控制在 1.25 以内、可再生能源使用率显著提升等能耗指标。自 2019 年起，工业和信息化部等 6 个部门依据国标《数据中心能效限定值及能效等级》分三批创建了 153 家国家绿色数据中心。近年来，提升数据中心能效水平、能源利用绿色转型，以及企业对高能耗基础设施的绿色化改造成为热点。

一是数据中心能效水平持续提升。2021 年度国家绿色数据中心电能利用效率（PUE）平均值已降低至 1.3。其中，环首都·太行山能源信息技术产业基地、数据港—阿里巴巴张北中都草原数据中心等数据中心年均 PUE 已低于 1.2，达到国际先进水平，有效带动行业持续提升能效水平。二是能源利用绿色转型步伐加快。通过市场化绿色电力交易、因地制宜建设分布式可再生能源电站等方式，国家绿色数据中心可再生能源电力平均利用率由 2018 年的 15% 提升至 2022 年的 30% 以上。山西省大同市灵丘县的环首都·太行山能源信息技术产业基地采用当地发配电企业、储能电站和秦淮数据三方约定"基地直供电"模式，实现 100% 绿色电力覆盖。江苏腾讯仪征东升云计算数据中心在机房屋顶建设分布式光伏发电系统，总装机容量约 1.3 万 kW，年均消纳可再生能源电力超过 1210 万 kW·h。三是电信运营商等网信企业积极推进绿色化进程。中国移动针对 5G 高能耗，通过采用新材料、新架构降低基础功耗，开发自适应业务的关断、休眠等功能降低运行功耗，实现了 5G 基站能耗下降 30%。中国电信与中国联通共建共享 5G 基站超 60 万个，占全球已建 5G 基站数 40% 以上，累计节电超 100 亿度、降低碳排放 600 万吨。阿里巴巴在数据中心等领域推动低碳发展，2022 财年，阿里巴巴集团自有数据中心的平均能源使用效率 PUE 低至 1.247。华为云将绿色和智能技术融入数据中心整体设计中，华为贵安数据中心年均 PUE 仅 1.12，处于业界领先水平。

10.1.3　数字技术助力能源行业绿色转型

对于实现碳达峰、碳中和的目标，能源行业是主战场。新一代信息技术在能源生产、传输、存储、消费以及能源市场等环节深度融合，持续催生了具有设备智能、多能协同、信息对称、供需分散、系统扁平、交易开放等特征的智慧能源新技术、新模式，成为能源行业实现绿色低碳转型的重要保障。

第一，智慧电厂、智慧矿山、智慧油田等场景通过智能化监控优化生产流程，通过大数据分析、自动建模等技术对高排放环节进行优化控制，降低单位产品能耗。大唐海口天然气发电项目利用"5G＋"光伏通讯、"5G＋"工业控制、"5G＋"移动终端等技术全程实现数字化、智能化管控，预计一期建成后可实现年节约标准煤约 25 万吨，年减排二氧化碳 192 万余吨。

第二，智慧化能源传输充分利用卫星遥感影像、航空摄影测量等数字技术，实现能源传输的动态监测、高效管理和精准匹配，有效降低了能源损耗。江苏电网的全息数字电网通过大规模无人机巡检协同应用与智能管控，全年自动巡检作业量超过 52 万架次，提前发现消除输电铁塔缺陷及通道隐患 4.2 万处，严重缺陷发现率提升 3 倍，每年可以节约电网运维成本约 2 亿元。

第三，智慧储能系统通过对实现储能系统的互联网化管控，提高储能系统的自动化程度和储能资源的利用效率。同时，能够主动协助平衡电力系统功率变化，自适应调控时间、调控额度、调控次数等，实现发电曲线和负荷曲线间的快速动态匹配。

第四，推动绿电交易，构建以新能源为主体的新型电力系统。2021 年 9 月，国家发展改革委、国家能源局启动绿电交易试点。2022 年，国家能源集团绿电交易累计成交 28.4 亿 kW·h。北京冬季奥运会举办期间，北京坚持绿色办奥理念，推进科技赋能智慧冬奥，建立跨区域绿电交易机制，全部场馆常规电力消费 100% 使用绿电，所有改造和新建场馆全部符合绿色建筑标准。

10.2　绿色生活方式加速普及

当前，云计算、人工智能、VR/AR 等新技术飞速发展，数字技术延伸到社会生活的方方面面，在衣食住行游等方面，数字、共享、绿色、低碳的数字生活理念逐步深入人心，绿色消费、绿色出行、绿色建筑等与人们的生活息息相关的绿色低碳生活方式更加普及，无纸化办公、互联网回收、低碳建筑等绿色生活的新业态、新模式不断涌现，正推动着绿色生活方式在大众中加速普及。

10.2.1　数字技术推动绿色消费

在数字技术的推动下，绿色消费方式正成为越来越多消费者的自觉选择，绿色低碳产品的销量和市场占有率进一步提升。

一是新能源汽车规模化发展。充电基础设施联网并建立车桩站联动、信息共享、智慧调度的智能联网平台，能够实现电动汽车与电网的双向互动，实现"削峰填谷"，带动新能源汽车的规模化发展，为交通绿色化奠定基础。据公安部发布的数据，截至 2022 年底，全国新能源汽车保有量达 1310 万辆，同比增长 67.13%，占汽车总量的 4.10%。2022 年，全国新注册登记新能源汽车 535 万辆，与上年相比，增加 240 万辆，增长 81.48%。新注册登记新能源汽车数量从 2018 年的 107 万辆到 2022 年的 535 万辆，呈高速增长态势。

二是智能光伏应用快速拓展，国家能源局组织 676 个县（市、区）开展整县（市、区）屋顶分布式光伏开发试点，积极引导居民绿色能源消费。《智能光伏产业创新发展行动计划（2021—2025 年）》要求，运用 5G 通信、人工智能、先进计算、大数据、工业互联网等技术，开发一批智能化、特色化、类型化光伏产品。构建适用于农村自有建筑物屋顶、城镇及建筑节能、生态化交通网络等的智能光伏多样化产品体系。

三是家电消费向绿色化智能化升级。在家电下乡、以旧换新等政策支持下，智能冰箱、智能洗衣机、智能空调，以及智慧厨卫、智慧康养等绿色低碳、节能环保的智能家电引领新一轮消费引擎。中国家用电器协会数据显示，预计 2022 年，能效二级以上的冰箱、冷柜、空调、洗衣机、电热水器等 5 类产品产销量整体达到 1.1 亿台，成为消费主流。

四是绿色办公引导许多会议从线下转到线上，实现碳减排。2022 年 4 月，腾讯公司发布的《腾讯碳中和目标及行动路线报告》显示，腾讯会议平均每次在线会议产生的碳减排量，相当于约 20 棵树每年产生的碳汇量。2019 年 12 月，产品上线以来，已助力用户累计实现超过 1500 万吨的碳减排量，相当于全国 2.29 亿私家车车主每人自愿停驶 14 天带来的碳减排量。

五是"互联网＋回收"促进废旧资源的循环高效利用。目前，我国大部分地区已建立起回收网络，"互联网＋回收"等模式逐步成熟，集回收、分拣、集散为一体的再生资源回收体系逐渐完善。《"十四五"循环经济发展规划》提出，要完善废旧物资回收网络，积极推行"互联网＋回收"模式，实现线上线下协同。

10.2.2　数字技术推动低碳出行

数字技术使汽车、出行、交通行业深度融合，形成以新能源、数字网联、车路协同等数字化技术为载体的大众化出行形态。

一是智慧交通低碳化。通过车辆智能化、道路智能化和 AI 云平台构建车路云一体的智慧交通体系，整合交通数据资源并协同交通管理部门，实现交通智能化管理和运营，最终实现各种交通方式合理配置、优化、整合，提高城市交通运营效率，减少碳排放。多个城市已在探索实施相关智慧交通建设项目，经测算，以车路协同为基础的智能交通能够提升 15%～30% 的道路通行效率。

二是数字技术支撑碳普惠、碳账户等落地实施，引导绿色出行。碳普惠、碳账户等平台正成为推动城市绿色出行重要因素，通过个人绿色低碳行为，累计个人减排量与碳积分，兑换等值礼金，激励用户选择绿色出行方式。北京 MaaS 平台、上海"随申行"、深圳"低碳星球"小程序、郑州"碳易行"小程序、浙江碳普惠平台、青岛"青碳行"均已上线。如北京市"MaaS 平台"自 2020 年 9 月平台上线以来，已累计注册用户超 140 万人，累计减碳超 14 万吨。

三是数字化工具正逐渐成为推动公众绿色出行的主要手段之一，各类出行平台将数字技术应用于绿色出行全场景，实现路线最优规划和节能减排。通过大数据、边缘计算等数字技术，网约车、共享单车等绿色共享出行新业态不断涌现，有效降低了能源消耗和碳排放。据中国互联网络信息中心的数据显示，截至 2021 年底，全国使用共享出行的用户规模超 4 亿户。滴滴出行于 2018 年开始启动共享单车／电单车、拼车、顺风车业务。截至 2021 年，滴滴平台在全国范围内累计实现二氧化碳减排 501.5 万吨，年均减碳量约 154.3 万吨。

10.2.3 数字技术助力建筑低碳

建筑业是我国高耗能大户，《中国房地产企业碳排放调研报告 2021》显示，目前，中国房地产建筑业的碳排放规模位居全球第三，其中，40% 的碳排放主要来自房地产建筑业。在国家"双碳"目标下，低碳化转型成为我国建筑业的时代命题。《"十四五"建筑节能与绿色建筑发展规划》要求，推动互联网、大数据、人工智能、先进制造与建筑节能和绿色建筑的深度融合。各地通过出台相关政策等推动建筑绿色化转型，湖南省 2021 年 10 月 1 日起实施《湖南省绿色建筑发展条例》要求，省人民政府应当建立健全装配式建筑全产业链智能建造平台，实现新型建筑工业化和高端制造业深度融合，促进智能建造在绿色建筑工程建设各环节应用。县级以上人民政府应当推广应用装配式建筑全产业链智能建造平台。

第一，数字技术助力建筑全生命周期节能。将数字技术与建筑信息模型（BIM）深度集成，打通研发、设计、生产、运输、施工等全产业链，对工程建设的进度、质量等进行全过程管控，实现基于"多维 BIM"的工程设计施工一体化管理，实现建造全过程绿色降耗。根据生态环境部发布的数据，北京大兴国际机场围绕绿色建筑、绿色能源、绿色环境、绿色交通、绿色机制 5 个方面，运用多种创新科技，建成了一批绿色示范工程。70% 以上的建筑达三星级绿色建筑标准。旅客航站楼能耗小于 29.51 千克标准煤／平方米，比国家公建节能标准提高 30%，每年减少二氧化碳排放 2.2 万吨。通过地源热泵、光伏发电等形式，实现全场可再生能源占总能耗比例 16% 以上，每年减少二氧化碳排放 3 万吨，年节约标准煤 1900 吨。

第二，数字技术赋能建筑碳排放监测优化。建设绿色建筑智能化运行管理平台，实现建筑能耗和资源消耗、室内空气品质等指标的实时监测与统计分析。天津市建筑设计研究院有限公司"Ecomixture 智慧管控平台"融合到建筑全生命周期，通过智慧门禁、智慧空调、智慧窗帘、智慧照明等系统智能调控，实现建筑平均能耗降低 15% 左右，最高可降低能耗达 50%。

10.3　数字化环境治理体系加快建设

数字化是推动生态环境高水平保护的关键手段，是构建现代生态环境治理体系的基础支撑。随着数字技术运用于越来越多的生态环境治理领域，信息化、智能化已成为中国生态环境治理的发展新趋势。《"十四五"国家信息化规划》提出，到 2023 年，自然资源、生态环境、国家公园、水利和能源动态监测网络和监管体系建设进一步完善；到 2025 年，自然资源监管、生态环境保护、国家公园建设、水资源保护和能源利用等数字化、网络化、智能化水平大幅提升，有力支撑美丽中国建设。打造智慧高效的生态环境数字化治理体系，提升生态环境智慧监测监管水平，完善生态环境综合管理信息化平台，支撑精准治污、科学治污、依法治污。《生态环境智慧监测创新应用试点工作方案》要求，加快推动生态环境监测体系与监测能力现代化建设，构建生态环境智慧监测体系。

10.3.1　数字化环境治理底座更加夯实

随着我国数字经济进入全面发展的新时代，利用数字化为生态环境治理赋能，成为顺应新形势下数字经济发展趋势和规律，以及提升生态环境治理能力和水平的重要方法和路径。近年来，随着人工智能、大数据等新兴技术的不断发展，我国生态环境监测网络更加完善，基本建成了生态环境综合管理信息化平台，数字化环境的治理底座更加夯实，为数字化赋能环境治理体系建设提供了基础。

一是生态环境监测网络更加完善。《生态环境监测网络建设方案》发布以来，全国生态环境监测网络建设扎实推进，统一规划建设环境质量、生态质量、污染源监测全覆盖的生态环境监测"一张网"。《"十四五"生态环境监测规划》指出，我国生态环境监测网络更加完善。坚持全面设点、全国联网、自动预警、依法追责，建成符合我国国情的生态环境监测网络，基本实现环境质量、生态质量、重点污染源监测全覆盖，并与国际接轨。"十三五"期间，建成 1946 个国家地表水水质自动监测站，组建全国大气颗粒物组分和光化学监测网，布设 38 880 个国家土壤环境监测点位并完成一轮监测。《"十四五"土壤、地下水和农村生态环境保护规划》指出，"十三五"时期，土壤、地下水和农业农村生态环境保护取得积极成效，建立全国土壤环境信息平台，建成土壤环境监测网络。实施"国家地下水监测工程"，建成国家地下水监测站点 20 469 个。

二是生态环境综合管理信息化平台基本建成，数据汇集水平持续提升，生态环境部整合接入水文、气象、电力等数据，优化升级"一张图"架构，实现一图统揽、一屏调度。自然资源部持续优化自然资源"一张网"，全面建成我国新一代陆地全域数字高程模型（DEM），完成 4 版覆盖全国 2 米、重点区域优于 1 米分辨率的数字正射影像（DOM），正式发布第三次全国国土调查数据，优化更新全国生态保护红线、永久基本农田数据，全国 1∶20 万数字地质图空间数据（2021 版）等一批可供在线获取的数据联网上线，形成新版国土空间的"底图"和"底线"。水利部深入推进基础数据库建设，全国水利一张图汇总我国 14.7 万条河流、9.8 万座水库、10.5 万座水闸、98 处国家蓄滞洪区、12.3 万座水文测站、52.6 万处农村供水工程等各类水利对象基础信息及关联信息。

三是全国碳排放权交易市场运行平稳有序。2021 年 7 月，全国碳排放权交易市场正式启动上线交易。第一个履约周期共纳入发电行业重点排放单位 2162 家，年覆盖二氧化碳排放量约 45 亿吨，是全球覆盖排放量规模最大的碳市场。根据生态环境部的统计数据，全国碳排放市场已经建立起基本的框架制度，打通了关键环节，初步发挥了碳价发现机制作用，有效提升了企业减排温室气体和加快绿色低碳转型的意识和能力。截至 2022 年 10 月 21 日，碳排放配额累计成交量约 1.96 亿吨，累计成交额 85.8 亿元人民币。生态环境部发布的《中国应对气候变化的政策与行动 2022 年度报告》显示，经初步核算，2021 年，单位国内生产总值（GDP）二氧化碳排放比 2020 年降低 3.8%。

10.3.2　数字化环境监测能力稳步提升

随着新技术、新方法在生态环境监测领域不断普及应用，全天候、全方位、多维度的监测技术广泛应用，环境监测装备向自主化、集成化、自动化、智能化方向发展，监测手段从传统手工监测向天地一体、自动智能、科学精细、集成联动的方向发展，分析测试手段向自动化、智能化、信息化方向发展，监测精度向痕量、超痕量分析方向发展。《"十四五"生态环境监测规划》指出，"十三五"时期，实施环境卫星和生态保护红线监管平台建设，遥感监测能力不断增强。随着监测数据联网的推进，国家和地方陆海统筹、天地一体、上下协同、信息共享能力明显增强。据生态环境部介绍，"十三五"时期，国家层面实现了对重点区域、流域和城市的空气、地表水环境质量实时自动监测预警，地方自动监测进一步向污染较重的区县、重要水体和饮用水水源地延伸。建立空气质量预测预报体系，提前 7 ~ 10 天预测重污染过程，中重度污染过程预测准确率达到 90% 以上，在重污染天气"削峰降速"和重大活动空气质量保障中发挥重要作用。卫星遥感系统逐步形成高、中、低多分辨率合理配置，广泛应用于资源调查与监测、环境保护与监管、灾害监测与应急、海洋开发与维权、气象观测与服务等行业，卫星遥感系统已形成全球观测能力，主要领域国产卫星数据自给率提升到 90% 以上。2022 年 10 月，《生态环境卫星中长期发展规划（2021—2035 年）》指出，"十三五"以来，我国生态环境卫星遥感监测能力稳步增强。在轨的生态环境卫星在大气环境监测、水生态环境监测、自然生态监测等方面具备了较强的遥感监测能力，在生态环境遥感监测中发挥着越来越重要的作用。林草生态网络感知系统加快建设，林草资源"一张图"持续应用，林草防火预警、沙尘暴监测能力不断提升。

10.3.3 数字化驱动生态治理能力现代化

数字化手段与生态环境保护工作深度融合，有助于构建智慧高效的生态环境管理信息化体系，为提高环境治理现代化水平提供有力支撑。近年来，以数字化赋能生态环境治理的创新实践遍地开花，有力促进了深入打好污染防治攻坚战和生态文明建设。

一是生态治理能力平台化。浙江省不断深化生态环境"智"理实践，在全国率先开发了"环境地图"，建设生态环境保护综合协同管理平台，构建天空地人全感知、环境网络全互联、环境数据全流通、指挥决策全智能、环境治理全协同、环境管理全统筹的全新技术、业务和数据融合的架构体系，以数字化改革撬动牵引生态文明建设系统性重塑。开创云智慧水务云平台以"一个智慧水务平台 + 一个数据运营中心 +N 个业务应用"为总体架构设计，从水资源调度、水灾害防御、水环境修护、水生态预警、水文化保护 5 个维度，围绕灌区、河湖防洪预警、河湖生态环境、城市防汛、山洪、河长制等场景进行的软件系统开发和系统整合。内蒙古自治区大黑河灌区项目信息化系统工程是开创云数字灌区项目的典范，运用物联网、大数据、GIS、5G 等先进技术，建立起一个以信息采集系统为基础、决策支持系统为核心、N 项业务在线协同的新型数字灌区，打造全面感知、应用赋能、多维展示的新型智慧水利平台。

二是创新生态监管执法模式。利用数字技术辅助生态环境执法，实现对环境违法犯罪行为的信息共享、联动处置和精准打击，全面提高生态环境执法效能。例如，青岛胶州市"食药环侦智慧平台"接到青岛金厦建材有限公司擅自倾倒、堆放污泥并侵占耕地的信访举报信息，平台自动将信息同步推送至生态环境、自然资源、综合执法、公安等部门，青岛市生态环境局、公安局联动对该事件进行了立案处理。

三是生态资源资产数字化实现生态产品价值。党的二十大报告明确提出，建立生态产品价值实现机制，完善生态保护补偿制度。通过利用数字技术完善生态产品调查监测体系、增强生态产品价值核算效能、提升生态产品经营开发绩效、推动生态产品交易市场建设等几个方面，为生态产品价值实现的各环节赋能。例如，蒙阴县建设了生态资源大数据平台，将自然资源、生态环境、林业、水利等部门的数据整合起来，借助遥感卫星、无人机航测等手段，实时更新山水林田湖草沙等生态资源的类型、分布、数量、品质等信息，形成了生态资源清单、产权清单、管控清单"三个清单"，建立了 GEP 年度核算和发布制度。2022 年 8 月发布的县级 GEP 核算报告显示，2021 年，蒙阴县 GEP 为 315 亿元，是同年 GDP 的 1.63 倍。

四是污染溯源解析。通过利用环境大数据、机器学习与源解析模型等对污染溯源提供科学解释，以便于更好地梳理原因（环境因素、排放数据）与污染物浓度及重污染天气之间的关系。重庆市璧山区观音塘一体化水质自动监测站内，环保系统每 4 个小时自动采集分析 1 次监测断面水样，并将实时监测数据上传至"生态环境大数据平台"，该平台具备水环境问题分析、污染类型识别、排放量动态估算等智能化功能，将水环境问题溯源时间缩短至数小时，极大提升溯源效率和精度，能实现河段溯源、乡镇溯源和污染类型溯源等。

第 11 章　数字化助推中华文化创新

　　文化是一个国家、一个民族的血脉，是广大人民群众的精神家园。当前，随着人工智能、物联网、区块链、VR、AR、5G+8K 等技术飞速发展并文化深度融合，我国数字文化资源向规模化、集成化发展，涌现出更加丰富、更高质量、更具特色的数字文化产品；数字化文化传播体系更加广泛，新媒体＋智能终端等传播方式和接收方式不断创新；数字文化消费新场景不断解锁，数字文化产业不断催生，数字文化产业发展动力强劲，提升我国的文化传播力、影响力、生命力。党的二十大报告要求，实施国家文化数字化战略，健全现代公共文化服务体系，创新实施文化惠民工程。《"十四五"文化发展规划》提出，以国家文化大数据体系建设为抓手，坚持统一设计、长期规划、分步实施，统筹文化资源存量和增量的数字化，以物理分布、逻辑关联、快速链接、高效搜索、全面共享、重点集成为目标聚集文化数字资源，推动文化企事业单位基于文化大数据不断推出新产品新服务，提升文化产品和服务的质量水平。《关于推进实施国家文化数字化战略的意见》明确，到"十四五"时期末，基本建成文化数字化基础设施和服务平台，基本贯通各类文化机构的数据中心，基本完成文化产业数字化布局，公共文化数字化建设跃上新台阶，形成线上线下融合互动、立体覆盖的文化服务供给体系。《虚拟现实与行业应用融合发展行动计划（2022—2026 年）》提出，以虚拟现实新业态推动文化经济新消费，"虚拟现实＋文化旅游"成为应用场景之一，要推动文化展馆、旅游场所、特色街区开发虚拟现实数字化体验产品，让优秀文化和旅游资源借助虚拟现实技术"活起来"。

11.1　数字文化产品供给更加高质高量

在数字技术的推动下，提供更加高质量的文化供给，增强人们的文化获得感、幸福感，应成为数字文化产业发展的目标。实施文化产业数字化战略。《"十四五"国家信息化规划》提出，促进文化产业与新一代信息技术相互融合，发展基于 5G、超高清、增强现实、虚拟现实、人工智能等技术的新一代沉浸式体验文化产品服务。推动数字创意、高新视频技术和装备研发，加快发展新型文化企业、文化业态、文化消费模式。丰富网络音乐、网络动漫、网络表演、数字艺术、线上演播、线上健身、线上赛事、体育直播等数字内容，提升文化体育产品开发和服务设计的数字化水平。

11.1.1　数字化公共文化服务模式加快创新

数字技术对公共文化的发展和服务起到强有力的支撑作用，通过建设公共文化数字化平台等文化基础设施，整合公共文化资源，建立公共文化资源共建共享数据库，建立健全全域共享、互联互通的公共文化数字化服务体系。

一是国家公共文化云平台服务形式更加多样，服务内容更加丰富。国家公共文化云上线 5 年来，全国有 22 个省级单位开通了公共文化云平台，省级数字文化馆平台实现公共文化云平台全覆盖。地市级公共文化云平台现有 160 余个，近一半具有数字化服务功能。云展览、云阅读、云视听等新服务方式陆续推出，整合全民艺术普及慕课资源，组织开展"唱支山歌给党听"大家唱群众歌咏活动，开设"乡村网红"专题展示新时代"乡村网红"的精神风貌。网络视听庆祝建党百年主题作品亮点纷呈，以《觉醒年代》《山海情》《功勋》为代表的主旋律影视作品在各大视频平台广泛热播，受到各个年龄段观众的喜爱，并引发热烈讨论。网络文学成为中国文化出海最大的 IP 来源，国际影响力逐步扩大。武汉市江岸区大数据中心利用 VR 技术建设了江岸区 VR 红色场馆，突破了实体场馆人数上限，网民只需要动动手指，就能实现分享传播，极大降低了红色文化的宣传和推广成本。红色文创产品，也可通过 VR 平台进行展示销售，带来一定的经营收入，以此补贴红色场馆日常运营成本。

专栏 17

江岸区 VR 红色场馆项目

1. 案例解决的核心问题

武汉市江岸区大数据中心利用数据治理、系统集成及数字创意船舶等技术，整合江岸区众多知名的红色场馆并进行深度开发，助力红色文化内涵的个性化挖掘和多元化传播。

2. 案例的优点

一是整合了江岸区全区的红色文化资源，使红色文化惠及普通人民群众，丰富了党建形式和内容，打造了江岸区特色党建文旅品牌。二是利用 VR 技术进行虚拟场景还原，建设多元化的红色场馆，参观的网民在虚拟场景中切身感受革命先烈英勇拼搏、不畏艰险的红色精神。三是提高了红色场馆接待能力，网上就能自主进行 VR 红色旅游可同时容纳上万人。

3. 案例应用情况及取得的成效

目前，武汉市江岸区大数据中心已经在部分红色场馆建立了在线 VR 平台。部分实体场馆中将智能定位、地图导航、AR 实时 3D 渲染等技术应用到线下导览服务中。红色场馆的展陈模式从静态、单一转变为动态、沉浸式，突破了实体场馆人数上限，极大降低了红色文化的宣传和推广成本。红色周边文创产品，也可通过 VR 平台进行展示销售，带来一定的经营收入，以此补贴红色场馆日常运营成本。同时，直接带动了江岸区交通、餐饮、商贸等相关产业的发展，不仅满足旅游者的精神需求，还促进了周边产业经济效益提升，带来更多的就业机会和更好的宣传。江岸区红色场馆已有数百万党员群众通过游览 VR 红色场馆接受了红色文化教育，数十万人次通过平台留言、献花和点赞。

（详见案例篇 – 案例 15）

二是各地数字公共文化服务持续推进，数字文化服务的应用场景不断丰富，传播渠道不断拓宽。"山西广电 5G 智慧数字乡村平台"立足山西广电 5G 智慧云平台的优势，开发完成了《山西广电 5G 美丽乡村智慧大屏应用系统（1.0

版）》和《山西广电 5G 智慧数字乡村系统（1.0 版）》并申请获得了国家版权局的计算机软件著作权登记。目前正在全力推进面向智慧校园、智慧县域、美丽乡村、智慧交通、智慧公路等垂直领域、行业场景的应用创新及解决方案。咪咕新空文化科技（厦门）有限公司打造厦门市集美区 5G+AR 数字化党史馆是福建省首个全数字化党史馆，5G+AR 党史馆使用首个政府官方定制的千兆网融媒体党建盒子平台，并获得多项专利，得到政府与学员的一致好评，并获评福建移动"十大红色文化教育基地"，为后续红色教育基地的建设提供了示范模本，构建了全新的发展平台。上海市浦东新区文化艺术指导中心以浦东文化云馆、数字公共文化服务网络、视频号等为支撑，形成集演出云展示、活动云直播、地标云打卡、云上叙事 Vlog 等多元一体的服务形态。截至 2022 年 10 月底，各平台官方号总浏览量超 2500 万人次。浦东群艺馆平台共开展 8 场线上专题活动，包含 22 个专题页面，总访问量达 510 万次。扬州中国大运河博物馆创新打造的 500 平方米的环形数字展馆，360 度多媒体循环剧场，采用了全息投影、互动投影、虚拟现实、三维立体等多种方式，让观众置身于虚拟的"真实场景"中，运用"三维版画"数字媒体技术复原古代城市场景，通过多视角递进的体验，营造出"人在画中游"的沉浸式体验。自 2021 年 6 月建成开放以来，短短一年半的时间里，扬州中国大运河博物馆的线下参观人数就已经突破了 240 万人次。2022 年 4 月，浙江省博物馆推出"丽人行——中国古代女性图像云展览"，并开发"丽人行云展览小程序"，整合全景数字展览、展品留言、展品收藏等功能，为观众提供个性化参观路线定制功能。

专栏 18

中国广电山西网络有限公司 5G 智慧数字助力乡村平台建设

1. 案例解决的核心问题

中国广电山西网络有限公司原为山西广电信息网络（集团）有限责任公司（简称"山西广电"），致力于推进有线、无线、卫星融合发展。

2. 案例的优点

"山西广电 5G 智慧数字乡村平台"立足山西广电 5G 智慧云平台的优势，根据国家关于乡村振兴、乡村数字化建设的总体部署，开发完成了《山西广电 5G 美丽乡村智慧大屏应用系统（1.0 版）》和《山西广电 5G 智慧数字乡村系统（1.0 版）》并申请获得了国家版权局的计算机软件著作权登记。并获得"全国 2020 年智慧广电案例"荣誉称号。

3. 案例应用情况及取得的成效

目前正在全力推进面向智慧校园、智慧县域、美丽乡村、智慧交通、智慧公路等垂直领域、行业场景的应用创新及解决方案。系统建设初期，依据相关政策要求经招投标流程搭建系统平台，总投资额 107.8 万元，目前正在向更大区域范围推广。针对乡村规模大、信息化基础薄弱等实际痛点，为"智慧数字乡村"的智能化建设探索出一条可复制、可持续、可发展的推进路径，进一步提升社会立体化治安防控体系实战效能，助力农村发展道路越走越宽，经济业态百花齐放。

（详见案例篇 – 案例 16）

专栏 19

咪咕公司 – 咪咕新空文化科技（厦门）有限公司打造 5G+AR 厦门市集美区数字化党史馆助力经济社会数字化转型

1. 案例解决的核心问题

咪咕公司致力于通过文化＋科技＋融合创新，满足人民群众的美好生活需要，立足 5G+T.621+XR 领先技术优势，以"元宇宙的 MIGU 演进路线图"为指引，主要负责落地中国移动云 XR 战略产品、咪咕元宇宙总部建设等领域工作。

2. 案例的优点

曾主导制定 ITU-T T.621（我国文化领域首个国际标准）和 ITU-T F.740.2 等国际标准并推进其成果应用落地；先后打造了"厦门经济特区纪念馆"、"5G+AR

党史馆"、世界文化遗产鼓浪屿的首个元宇宙 AR 夜景秀等沉浸式场景标杆。作为福建省首个全数字化党史馆，5G+AR 党史馆使用首个政府官方定制的千兆网融媒体党建盒子平台，并获得多项专利，得到政府与学员的一致好评，并获评福建移动十大红色文化教育基地，为后续红色教育基地提供了示范模本，构建了全新的发展平台。

3. 案例应用情况及取得的成效

结合党史馆开馆，集美区宣传部与轨道集团联合发行"党史学习教育定制地铁卡"，制定 5 条红色文化旅游线路，并将 5G+AR 党史馆作为学习打卡点的第一站，带动区域旅游业经济效益超 500 万元。依托 T.621+5G+XR 技术优势，深耕文博元宇宙、文旅元宇宙、互动展陈等垂直领域，形成一条集商机发掘、技术研发、生产制作、信息管理、云端存储、宣传推广于一体的完整的产业链条。5G+AR 党史馆的成功实践形成可复制可推广的样板，在项目成功落地后，福建省交通厅，泉州市政府，厦门国资委，厦门市其他各区政府陆续发出展馆数字化建设需求，预计在未来 2 年内可以复制 100 个项目，将带来 3-5 个亿项目营收。

（详见案例篇 – 案例 17）

11.1.2　数字技术助力优质文化产品供给

随着数字技术的进一步发展，以及人们物质生活的极大改善，文化需求的进一步扩大，高质量的数字文化产品正不断涌现，并逐步成为人们精神生活的"刚需"。

一是人工智能等数字技术推动高创意、高附加值的文化产品生产。虚拟现实、增强现实、5G＋4K/8K 超高清、无人机等技术在文化领域的应用和落地，推动文化内容向沉浸式内容移植转化，数字展馆、虚拟景区、沉浸式演艺等新兴文化产品和服务成为热点。《夜上黄鹤楼》、中国大运河沉浸式博物馆、teamlab 沉浸式艺术展等项目成为 2022 年火爆的沉浸式文旅项目。国家大剧院推出的"华彩秋韵"线上系列音乐会实现了全球首次"8K＋5G"直播，超高清画面带来了震撼人心的沉浸感。宁夏推出的"全域宁夏"线上旅游专题，可让游客足不出户体验 360 度或 720 度 VR 影音资料，营造"身在宁夏"的浏览体验，线上 VR 资料中展示了银川、石嘴山、中卫、固原、吴忠等宁夏主要旅游目的地人文旅游资源和沙坡头、镇北堡、岩画博物馆、金沙岛等当地知名景点的 720 度视频资料。

二是文化再生和数字孪生将成为传统文化再现的主流模式。"数字故宫"综合运用 5G、物联网、人工智能、大数据分析等技术，结合遗产保护和服务大众的顶层设计，全面建设一个故宫数字孪生体雏形，全景展示紫禁城 72 万平方米三维数据，以及超过 6 万平方米重点宫殿区域高清数据。三星堆数字孪生云平台采用高精度激光雷达扫描、高清全景影像获取、SLAM 等技术手段，赋能新一代"云上博物馆"建设。同时，通过 5G + AR/MR、"科技 + 文化"体验结合，通过沉浸式互动系统在真实环境中 1∶1 还原出历史遗迹等虚拟历史场景。龙门石窟景区利用数字孪生、人工智能、虚拟现实等技术，将主佛区及周边 31.7 平方千米的建筑、植被、景观、文物等"复刻"到线上，对造像进行 1 毫米级精度的三维模型数据采集，快速高效实现 360 度全方位、高精度、高保真度复原呈现，让"文化复活"和"历史重现"。

三是数字技术推动文化产业不同领域和类别的跨界联动，产出融合数字文化产品。数字技术渗透到社会再生产的各个环节中，为各行业的跨界合作提供了更大的可能，设计、印刷、游戏、影视、动漫和文旅景点等文化产业不同类别之间存在广阔的优势互补、资源协同和互动融合的空间。中国经济信息社编制的《新华文化产业 IP 指数报告（2022）》IP 价值综合指数排名榜 TOP 50（图 11.1）中，《斗罗大陆》《人世间》《王者荣耀》《斗破苍穹》《梦华录》位列榜单前五，这些头部 IP 都包含着中国传统文化和游戏、动漫、小说等元素的深度融合。

IP 价值综合指数：2022 年新华·文化产业 IP 价值综合榜 TOP50　　中国经济信息社

序号	IP 名称	原生类型	序号	IP 名称	原生类型
1	斗罗大陆	文学	26	凡人修仙传	文学
2	人世间	文学	27	明日方舟	游戏
3	王者荣耀	游戏	28	武动乾坤	文学
4	斗破苍穹	文学	29	诡秘之主	文学
5	梦华录	影视	30	大王饶命	文学
6	黎谢	文学	31	这个杀手不太冷静	影视
7	你好，李焕英	影视	32	大奉打更人	文学
8	庆余年	文学	33	阴阳师	游戏
9	开端	文学	34	君九龄	文学
10	长津湖	影视	35	夜的命名术	文学
11	原神	游戏	36	画江湖之不良人	动漫
12	一人之下	动漫	37	两不疑	动漫
13	鬼吹灯	文学	38	时光代理人	动漫
14	你是我的荣耀	文学	39	完美世界	文学
15	风起陇西	文学	40	刺客伍六七	动漫
16	狐妖小红娘	动漫	41	山海情	影视
17	唐人街探案	影视	42	叛逆者	文学
18	半妖司藤	文学	43	灵笼	动漫
19	雪中悍刀行	文学	44	恋与制作人	游戏
20	1921	影视	45	心居	文学
21	古董局中局	文学	46	悬崖之上	影视
22	觉醒年代	影视	47	一念永恒	文学
23	庶女攻略	文学	48	余生请多指教	文学
24	星辰变	文学	49	大理寺日志	动漫
25	我和我的父辈	影视	50	扬名立万	影视

"梦华录"等基于优质传统文化 IP 进行较大改编的作品，以其改编后形成的当代文化 IP 进行评价。

图 11.1　IP 价值综合指数排行榜 TOP50

（数据来源：《新华文化产业 IP 指数报告（2022）》）

11.1.3　数字化让优秀传统文化 "活" 起来

中国拥有五千年文化传承，留下了大量的历史文化资源，数字技术在传统文化的保护、传承、记载、交流、传播，以及知识生成和经验传递中发挥着巨大作用，运用数字技术对传统文化、传统工艺等通过图片、文字、音视频等方式进行数字化记录，借助现代网络传播优势，实现传统文化的永久保存和传播，不断推动中华优秀传统文化实现创造性转化和创新性发展。

一是文化数字化保护与传承。当下，用数字技术为文物保护赋能已经成了文物保护的一项重要手段。通过数字化复原、重建、场景建模等技术，让越来越多的博物馆里的文物、陈列在我国广阔大地上的文化遗产、书写在古文典籍中的文字 "活" 起来，打造出崭新的、高质量的文化产品。近年来，"故宫上新""数字敦煌""云游长城""京剧数字藏品" 等数字产品层出不穷，通过多样的形式实现了让文物 "说话"，让古老的文化遗产焕发新的生机活力是对文物最好的保护和传承。

"云游长城" 是全球首次通过云游戏技术，实现最大规模文化遗产毫米级高精度、沉浸交互式的数字还原。通过"数字长城"，用户可在线体验修缮长城时需要经历的考古清理、砌筑、勾缝、砖墙剔补和支护加固等流程，还可以收获包括长城排水口的分布、礌石孔、破损敌台、射孔、箭窗、刻字砖和敌台入口等知识点。中国非物质文化遗产网·中国非物质文化遗产数字博物馆利用数字化技术和网络平台展示、传播中国和世界非物质文化遗产的专业知识，为我国深厚丰富的非物质文化遗产资源建设 Web 数据库。各省市也纷纷建设地区性非物质文化遗产数据库。文化和旅游部的统计数据显示，2022 年我国第 17 个文化和自然遗产日期间，各地共举办了 2400 多项线上非遗宣传展示活动。此外，包含面塑、年画、中医等非物质文化遗产题材的数字文化产品大量涌现。基于非同质化通证（Non-Fungible Token，NFT）的数字藏品更是成为非遗数字化的热点。其中，针对国潮非遗等类型在发售当中经常出现秒空的现象，足见年轻人对非遗数字产品的喜爱。

二是民族文化与红色文化的数字化。民族文化主要包括民族语言文字、文学、歌舞、艺术、医药、建筑、饮食、服饰、风俗等方面。民族文化的数字化保护是实现文化强国战略的基础性工作，也是中华民族文化传承与弘扬的关键。

国家民委建设了首个集文字、图片、影像、声音于一体的民族文化保护与传承的数字化工程——中国民族文化资源库，整理、汇聚各民族优秀的文化资源，并通过线上线下渠道进行宣传和传播。2022 年，"中华古籍资源库"在前期已发布古籍资源 10 万部（件）的基础上，继续发布古籍数字资源 462 部 2046 册 14.8 万叶，包括国家图书馆馆藏普通古籍数字资源 334 部 1510 册 11.6 万余叶、云南省图书馆馆藏特色古籍数字资源 128 部 536 册 3.2 万余叶，保护和传播古籍资源，充分发挥数字化赋能对红色文化遗产的保护和利用。将红色文化资源进行数字化采集、保存、管理、修复、再现、展示、传播，促进红色文化的传承保护与发展。2021 年，人民网于 2021 年联合全国 31 个省、市、自治区 100 家红色场馆，发起"红色云展厅"系列融合报道及应用创新，通过 5G、云技术将百家红色场馆的党建党史、"四史"教育内容数字化，形成"红色基因库"，联合全国 25 家地方媒体机构共同创作展播推广，获得爆款式传播效果。截至

2022 年 8 月，"红色云展厅"上线场馆 223 家，人民网各平台累计访问量超过 6 亿次，互动量超 28 万次。"红色云展厅"进校园活动启动半年多以来，山东已有累计 1000 多所大中小校参与活动，覆盖 1600 多万名学生和 56 多万名党员、2.4 万基层党组织。延安革命纪念馆借助数字技术对直罗镇战役、延安城墙、延安新市场等进行了场景复原并模拟体验，《记忆延安城》通过 CG 数字技术再现 1937 年党中央进驻延安城、1938 年延安城遭受日军狂轰滥炸的场景等，实现了从展示到体验的互动模式转换，给观众带来强烈的视听冲击。

三是乡村文化数字化。数字技术促进了乡村演艺、地方戏曲民乐、手工艺美术、休闲文旅娱乐、文化会展等的文化作品创作和传播，为乡村振兴助力。浙江省金华市婺城区的村落文化大数据库包含数字画像 226 个、照片 2.3 万余张、文字 400 余万字，视频、音频 2000 余段。建成的村落"共富"数字化平台，将村落文化通过图片、文字、视频等方式呈现，吸引村民、游客共 2.2 万余人次，完成文化服务点单 380 余次。挖掘特色文化旅游线路 39 条、采集村落数字景观 200 多个、区级以上研学基地 25 个，吸引乡村旅游、观光、考察、研学 80 余万人次，带动村民增收 500 余万元。"95 后"UP 主郎佳子或通过在多家网络平台上传播面塑技艺，粉丝量已超过 200 万，不但带火了传统的捏面人，也让自己成了一个流量"IP"。

11.2　数字文化传播实现立体覆盖

5G、区块链、大数据等技术飞速发展，为文化产品传播带来了长距离、高速度、大容量、高可靠性及精准性，近年来，智慧广电传播网络体系建设和服务成效显著，主流媒体 + 新媒体的全媒体传播网络不断完善，推动我国文化全方位传播，使广大人民群众获得更多的体验感和满足感。

11.2.1　智慧广电传播与服务持续创新

一是智慧广电传播网络体系建设成效显著。根据国家广播电视总局的统计，截至 2021 年底，全国广播节目和电视节目综合人口覆盖率分别为 99.48%

和 99.66%。全国有线电视实际用户数 2.04 亿户；直播卫星用户总数超过 1.48 亿户；交互式网络电视（IPTV）用户超过 3 亿户，互联网电视（OTT）用户数 10.83 亿户。根据 CNNIC 数据，截至 2022 年 6 月，网络视频（含短视频）用户规模达 9.95 亿户，短视频用户规模达 9.62 亿户；网络直播用户规模达 7.16 亿户；网络新闻用户规模达 7.88 亿户。高清电视发展步伐加快，我国已有高清频道 1003 个、4K 超高清频道 8 个，8K 超高清频道 2 个，有线电视高清用户超过 1 亿户。

二是智慧广电网络服务持续创新发展。近年来，智慧城市创新应用、智慧乡村创新应用、智慧家庭创新应用、文化数字化创新应用等智慧广电网络服务新模式、新业态、新应用持续创新，引领智慧广电网络高质量创新性发展。2022 年 5 月，国家广播电视总局"全国智慧广电网络新服务"推选工作，最终选出 40 个网络新服务。中国广电湖南公司的"广电 5G 智慧云"平台构建了"一云两端三用"的融合传播新体系，承载了智慧司法、智慧旅游、智慧农业、"雪亮工程"、新时代文明实践中心、5G 智慧电台、应急广播、远程医疗、农村电商等服务，已在全省 76 个市县有项目落地，覆盖有效用户数 71 935 户。

三是智慧广电乡村工程建设迈出新步伐，取得明显成绩。初步形成了"五大应用场景 + 三大服务类型 +N 种业务模式"的框架体系，即以智慧党建、文化振兴、公共服务、乡村治理、产业振兴为核心的五大应用场景，以高清及交互广播电视服务、政用民用商用综合信息服务、社会管理服务为重点的三大服务类型，以一镇（村）一品（屏）、平安乡村、智慧教育、智慧水利、智慧旅游、数字农业、农村电商等为主要内容的"N 种业务模式"，延伸党政府宣传、服务的触角和范围，提升基层治理的能力和水平，让乡村居民享受到智慧广电带来的"红利"。市县级台打造多元化传播矩阵，山东"寿光云"APP 对接新时代文明实践服务中心、政务服务中心等 30 多个部门，实现 60 多个政务服务、便民服务等高频服务应入尽入和区域通办，客户端下载量达 168 万次。IPTV 探索服务新模式，中国广电重庆公司推出 IPTV 智慧大屏"户户通"，聚合多方资源，从"网、台、端、用"4 个部分免费为群众安装宽带和 IPTV 电视，推动数字基建、数字党建、数字产业、数字治理、数字生活、数字农民"六数融合",解决数字乡村建设"最后 100 米"难题。

11.2.2　全媒体传播网络不断完善

一是主流媒体加快数字化渠道建设升级。人民日报社形成报、刊、网、端、微、屏等 10 多种载体的新型媒体方阵。据《人民日报社社会责任报告（2021年度）》的数据,截至 2021 年底,全国党媒信息公共平台入驻单位 363 家,内容池聚合推送稿件量超过 5600 万篇次。人民日报客户端用户自主下载量达 2.73亿次,活跃度在主流媒体创办的新闻客户端中保持领先。人民日报法人微博粉丝数超过 1.4 亿人,微信公众号用户订阅量突破 4100 万次,抖音账号粉丝数超过 1.4 亿个,快手账号粉丝数超过 5400 万个。全媒体覆盖用户总数超过 11 亿人。新华社加快构建涵盖报刊、电视、网络、经济信息、图书出版的全媒体业务格局。推动全社优质内容、先进技术、平台资源、项目资金向互联网移动端倾斜,做强新媒体专线、短视频专线、县级融媒体专线等对内新媒体线路,深入推进国别专线、多语种互联网专线建设,抢占海外舆论主阵地。新华社客户端、新华网影响力居于主流媒体前列,海内外社交媒体账号集群用户总规模超6.8 亿人。中央广播电视总台新媒体影响力不断提升,全媒体传播体系不断壮大。2022 年,央视频、央视新闻、央视网等用户量、播放量数据指标大幅增长。总台推出的首个国家级 5G 新媒体平台"央视频"下载量接近 5 亿次,累计激活用户数已超 1.6 亿户,"央视网"发力建设"大屏 + 中屏 + 小屏 + 账号"的多终端传播体系,全球覆盖用户已超 20 亿人次,"央视新闻"用户规模超过 8.26 亿户。

二是线上线下相融合的博物馆传播体系逐步建立。各地积极推动智慧博物馆、流动博物馆建设,构建线上线下相融合的博物馆传播体系,云展览、云游博物馆、线上直播成为新亮点。

据国家文物局统计数据显示,2021 年博物馆线上展览的数量增加到 3000 多个。据国际博物馆协会报告显示,2021 年全球采用线上展示藏品、展览和直播的博物馆比 2020 年增加 15% 以上。据新京报贝壳财经数据显示,近 30 座城市提出要建设"博物馆之城"或"博物馆之都",其中云展览、云直播、云论坛、云讲座等数字化展示形式，成为多数城市提出发展文博数字化的重要措施。

在 2022 年国际博物馆日前后，新京报记者通过直播方式走进了全国各地的 17 家博物馆，活动获得全平台播放量约 700 万次；在 2022 年的文化和自然遗产日，新京报的文化遗产云讲堂进行了 11 小时的超长直播。蚂蚁科技旗下的数字藏品平台鲸探利用前沿科技向用户提供数实融合的互动新体验，助力 IP 机构探索人文科技的时代新表达。目前，超百余家文博单位、世遗景区、艺术机构与协会在鲸探发行源自古文物、非遗技艺、国风书画等传统文化类数字藏品，以 3D、音视频多元化方式呈现，相关作品量占比超 80%。

三是各地加快推动公共图书馆、文化馆特色资源、公开课等数字化转型，打造文化传播新媒介。《海丝路上的南粤古驿道》（广东）、《热土家园》红色动漫（安徽）、《云游敦煌》（甘肃）、《唐宫夜宴》（河南）、《宁夏黄河故事》（宁夏）等开创地域特色文化传播新方式。汕头市文化馆自制的《英歌慕课》在网站投放的播放量近 10.4 万次，爱艺术公益课程投放 210 节免费课程，播放量超 108 万次。

11.3 数字文化产业蓬勃发展

数字文化产品供给的不断丰富和数字文化传播渠道的不断完善，带动了数字文化消费场景的不断拓展，以及数字文化消费市场发展潜力升级，尤其是新型冠状病毒感染疫情的影响下，数字文化消费加速发展，带动了数字文化产业的迅猛增长，成为产业升级的主导性力量。国家统计局数据显示，2021 年全国规模以上文化及相关产业中，数字文化新业态特征较为明显的 16 个行业小类实现营业收入 39 623 亿元，比上年增长 18.9；两年平均增长 20.5%。2022 年全国规模以上文化及相关产业企业的营业收入数据显示，文化新业态发展韧性持续增强。在 16 个行业小类中，13 个行业营业收入比上年增长，增长面达到 81.3%。其中，数字出版、娱乐用智能无人飞行器制造、互联网文化娱乐平台、增值电信文化服务和可穿戴智能文化设备制造等行业实现两位数增长，分别为 30.3%、21.6%、18.6%、16.9% 和 10.2%。

11.3.1 数字文化消费市场发展动力强劲

数字文化消费呈现供需两旺的发展态势。从供给端来看，5G、XR、AI、全息投影等数字技术对文化产品赋能，不仅催生了更多的数字文化产品和内容，而且可以生产出更加个性化、多样化、定制化的内容，满足人们的多样化需求。数字技术正在从内容创造和生产、展览展示方式、传播渠道等多个方面，开发更多的数字文化消费新场景，丰富人们多层次的文化体验。从需求端来看，数字化、网络化的发展改变了人们的消费习惯、消费内容、消费模式及消费理念，疫情期间，线下消费受到抑制，线上文化消费习惯进一步增强。作为原生"触屏一代"的 90 后、00 后更倾向于以网络游戏、在线阅读等互联网为载体的文化产品和服务，同时也是习惯为自己喜欢的网络产品买单的一个群体。商家利用人工智能、大数据等技术实现的精准画像、精准营销也使得线上消费变成一种持续性的行为。

一是网络视频日益成为网民数字文化生活的重要组成部分。根据中央网信办《数字中国发展报告（2021 年）》的数据，截至 2021 年 12 月，我国网络视频（含短视频）用户规模达 9.75 亿户，较上年同期增长 4794 万户，占网民整体的 94.5%。

二是数字阅读成为大众文化消费的重要形式，中国音像与数字出版协会发布的《2021 年度中国数字阅读报告》显示，2021 年，我国数字阅读用户规模已超过 5 亿户，人均阅读量 11.58 本。

三是世纪变局和百年疫情交织使云演播成为时尚。2021 年、2022 年春节，国家京剧院以"云大戏、过大年"为主题，利用"5G＋4K＋VR"超高清技术，连续两年推出京剧《龙凤呈祥》海内外演播。《龙凤呈祥》演播 2021 年春节票房收入 30 多万元，2022 年累计售票 71 085 张，收入 112 万元。

四是"电竞 +X"构筑全新数字消费场景。电竞 + 主题餐厅、电竞 + 酒店、电竞 + 体验馆等新商业模式和消费场景层出不穷，正在成为一个全新的"超级数字场景"，有着无限的价值空间。

五是"沉浸式娱乐"迈入良性发展阶段。以密室逃脱、剧本杀等为代表的"沉浸式娱乐"行业，成为颇受"Z 世代"青睐的文化娱乐方式。

六是数字藏品未来可期。国内 NFT 数字藏品行业发展如火如荼，行业规模快速增长，整体发展步入合规建设提速期。国内数字藏品领域已汇集互联网平台、上市公司、金融机构等各路"兵马"，并呈现不同特点。据《证券日报》记者梳理，仅 2022 年就有 9 家银行入局数字藏品。随着数字技术与文化各行业的融合，未来将出现更多的消费场景。

11.3.2　数字文化产业高速蓬勃发展

第一，云演出、云会展、云观影等一批"云文化经济"形态快速涌现，数字影视、线上社交、电子竞技、直播购物等细分领域增长迅速，成为驱动我国文化产业发展的重要动力。国家统计局数据显示，2021 年，我国数字出版、互联网文化娱乐平台等数字文化新业态特征较为明显的 16 个行业小类实现营业收入 39 623 亿元，比上年增长 18.9%，两年平均增长 20.5%，高于文化企业平均水平 11.6 个百分点，占文化企业营业收入比重的 1/3。一是网络文学成为数字文化产业重要的内容源头。中国版权协会发布的《2021 年中国网络文学版权保护与发展报告》显示，网络文学的 IP 全版权运营影响了游戏、影视、动漫、音乐等合计约 3037 亿元的市场，占数字文化产业市场规模的近 40%。二是数字阅读市场不断扩张。中国音像与数字出版协会发布的《2021 年度中国数字阅读报告》显示，截至 2021 年，我国数字阅读行业整体营收规模达 415.7 亿元，整体增幅 18.23%。其中大众阅读达 302.5 亿元，市场规模占比逾七成，是产业发展的主导力量。四是虚拟数字人市场空间广阔。根据量子位《虚拟数字人深度产业报告》显示，预计到 2030 年，我国虚拟数字人整体市场规模将达到 2703 亿元。

第二，文化数据资产变现成为趋势，涌现出一大批数字文化产品的交易平台。数字文化产品的开发、设计、宣传、销售等，都会产生海量的数据，在数据为王的今天，文化数据资产未来必将产生巨大的经济效益。2022 年 9 月，湖南大数据交易所"文化大数据交易中心"正式上线，为文化产业提供合规的数字化服务平台。目前，涌现的头部平台包括阿里推出的"鲸探"APP、腾讯推出的"幻核"APP、京东上线的"灵稀"数藏平台等，主要参与方包括互联网公司、文化传媒机构和各地文化交易所等。交易平台又分为发行平台和二次交易平台，目前市场上以发行平台为主，用户购买后不允许出售，并对转赠制定了严格限制。二次交易平台较少，其中，中手游的"有鱼艺术"依托版权链，在北方文化产权交易所等机构的指导下开启了艺术品数字版权类目的自由转让。

11.3.3　数字文化与其他产业融合加速发展

一是数字化助力文旅行业发展，文旅元宇宙成为趋势。《"十四五"数字经济发展规划》指出，以数字化推动文化和旅游融合发展。加快优秀文化和旅游资源的数字化转化和开发，推动景区、博物馆等发展线上数字化体验产品，发展线上演播、云展览、沉浸式体验等新型文旅服务，培育一批具有广泛影响力的数字文化品牌。数字化与文旅行业的深度融合将对文化和旅游领域带来深刻的变革，在发展文化产业的同时，反过来推动旅游行业的进一步发展。中国旅游研究院的数据显示，2021 年，虽然大多数景区严重亏损，但仍有 13% 的景区保持盈利，部分景区的客流量甚至出现了暴增现象。如上海迪士尼乐园、西安的大唐不夜城、杭州的宋城等，究其原因是利用数字化的手段用爆款文化 IP 引流，实现客流量的变现。"CityGame"的线下体验空间《慢坐书局》吸引了众多以"Z 世代"为代表的主流消费群体前往打卡，为游客带来了全新沉浸式的文旅体验，成了前门景区一个新的优质引流点，以游戏化串联不同属性的场景，给景区带来了更多的文旅价值。另外，火遍全网的《唐宫夜宴》视频将河南省内的洛阳应天门、登封观星台、清明上河园变成热门景区。同时，数字化助力"文旅 + 电竞"融合发展。据统计，全国已有上海、广州、成都、武汉等超过 20 个城市出台电竞相关政策，竞逐"电竞之都"。第六届王者荣耀全国大赛西北赛区联赛总决赛结合甘肃省博物馆藏文物 IP 及王者全国大赛元素进行舞美策划，通过"文旅 + 电竞"的方式，以赛事平台为窗口，持续扩大"交响丝路·如意甘肃"文化旅游品牌影响力。

二是数字文化贸易稳健快速增长，大大提升中国传统文化的国际影响力。依据商务部及海关等相关数据初步测算，2021 年我国数字文化贸易进出口总额约为 537.84 亿美元。近年来，中国数字文化贸易产业基础不断夯实，发展势头强劲。据商务部数据显示，2021 年，中国文化产品进出口额 1558.1 亿美元、增长 43.4%，文化服务进出口额 442.2 亿美元、增长 24.3%。影视剧、网络文学、网络视听、创意产品等领域出口迅速发展。网络游戏成为传播中国文化的新载体。中国音像与数字出版协会游戏工委发布的《2021 年中国游戏产业报告》显示，2021 年，中国游戏产品海外市场实际销量收入超过 180 亿美元，同比增长 16.59%，海外市场规模及用户增幅已反超国内市场（图 11.2）。2021 年，中国游戏在海外的市场份额位居全球第一，手游占比超过七成，融合了众多中国传统文化的游戏《原神》为海外玩家带去了中国的山水风光、建筑艺术、传统音乐、戏曲文化等文化享受。短视频为海外受众带来极具时代感的中华文化体验。根据移动分析公司 Sensor Tower 发布的报告，2022 年 9 月，抖音及其海外版 TikTok 全球下载量超 6200 万次，位居全球移动应用（非游戏）下载榜冠军。2022 年一季度，全球 TikTok 用户支出达 8.4 亿美元。网络文学讲述中国传统文化故事。网络文学出海纵深推进，出海模式升级到"生态出海"，出海的地区包括东南亚、北美、俄罗斯、澳大利亚、非洲等国家和地区。中国作家协会发布的《2021 中国网络文学蓝皮书》显示，截至 2021 年，中国网络文学共向海外传播作品 1 万余部，在全世界拥有庞大的读者和创作群体。2021 年，中国网络文学海外市场规模超过 30 亿元，海外用户达 1.45 亿人。截至 2021 年 6 月，起点国际共培育了近 19 万名海外创作者，形成了中国故事国际化写作的新现象。原创影视内容"出海"又"出圈"。以爱奇艺、腾讯、优酷为代表的头部影视视频平台积极制定中国影视出海战略，通过自建平台和与海外平台合作等方式，扩大"出海"渠道。

图 11.2　中国自主研发游戏海外市场实际销售收入及增长率

（数据来源：《2021 年中国游戏产业报告》）

建议篇

第 12 章　加快推进数字中国建设的政策建议

关于数字化转型，2022 年 1 月，国家出台首部面向数字经济领域的顶层规划《"十四五"数字经济发展规划》（简称《规划》）。《规划》的指导思想是"立足新发展阶段，完整、准确、全面贯彻新发展理念，构建新发展格局，推动高质量发展，统筹发展和安全、国内和国际，以数据为关键要素，以数字技术与实体经济深度融合为主线，加强数字基础设施建设，完善数字经济治理体系，协同推进数字产业化和产业数字化，赋能传统产业转型升级，培育新产业新业态新模式，不断做强做优做大我国数字经济，为构建数字中国提供有力支撑。"

2023 年 2 月 27 日，中共中央国务院印发《数字中国建设整体布局规划》，对于中国的数字发展框架提出了具体的范式。《规划》明确数字中国按照"2522"的框架进行布局，即夯实数字基础设施和数据资源体系"两大基础"，推进数字技术与经济、政治、文化、社会、生态文明建设"五位一体"深度融合，强化数字技术创新体系和数字安全屏障"两大能力"，优化数字化发展国内国际"两个环境"。为了与"十四五"规划与数字中国规划相结合，各地方和各部门需要积极布局，出台相应的政策和指导规范，促进各领域数字化转型，减少数字化转型技术和产业的发展限制，从而促进数字经济的健康发展。

12.1　拓展并细化顶层规划

《"十四五"数字经济发展规划》强调了要大力推进数字化转型，促进数字技术与实体经济的深度融合，重塑产业竞争力。其中，强调加快企业业务数字化转型，特别是研发设计、生产加工、经营管理、销售服务等业务领域，同时实施中小企业数字化赋能专项行动。此外，利用互联网新技术对传统产业进行全链条改造，促进制造业、服务业、农业等产业数字化发展，并培育转型支撑服务生态，解决企业转型升级的难题。

在规划中，还设立了"重点行业数字化转型提升工程"和"数字化转型支撑服务生态培育工程"，加强工业互联网创新发展，打造具有国际竞争力的工业互联网平台，将我国工业生产场景优势转化为产业链供应链优势。同时，加快推动数字产业化，为产业数字化提供数字技术、产品、服务、基础设施和解决方案，创造数字化转型升级的条件。瞄准传感器、量子信息、网络通信、集成电路、关键软件、人工智能、区块链等新技术，加大科技攻关力度，提高自主供给能力，提升产业链韧性和竞争力。加快培育智慧销售、无人配送、智能制造、反向定制等新业态新模式，鼓励开源科技创新，推动开发者平台等新型协作平台发展。

在数字经济的顶层规划之下，各领域和行业的顶层规划也要及时跟上，建立与"十四五"规划相适配的战略部署，明确每个阶段的发展目标，重点任务和保障措施。如前文已经提到的《数字乡村发展战略纲要》《"十四五"电子商务发展规划》《"十四五"信息通信行业发展规划》《"十四五"软件和信息技术服务业发展规划》《"十四五"大数据产业发展规划》《"十四五"健康老龄化规划》《"十四五"文化和旅游科技创新规划》等。规划制定要基于相应领域和行业自身的特点与经验，基于科学的评估手段制定长远目标。

在"十四五"发展规划提出以后，不少地区将其和地区发展规划紧密结合，如提出了数字化聚集区的发展目标，建立完善不同结构的数字化生态体系，以及牵头推进重点行业的数字化转型等等。不少地区还制定了专门的数字化转型计划，如山东和北京发布的服务业数字化转型方案等等。将数字化发展的计划内化到地区发展之中，是当前中国经济高质量发展的题中之意，欠缺该意识的地方需要重视起来，制定具体的发展目标和实施路径，实现全社会的数字化转型。

《数字中国建设整体布局规划》（简称《规划》）提出了全社会数字发展路径的框架，从底层基础、经济社会发展应用场景、关键能力、国内外发展环境等方面提出明确要求，对各有关部门既具有全局性的指导作用，也为相关具体领域或场景的落地提供了方向指引。《规划》创新性地提出"畅通数据资源大循环"，明确构建国家数据管理体制机制、完善数据资源发展顶层设计，就公共数据汇聚利用、商业数据价值释放等提出细化要求，在社会各界普遍探索数据要素规则体系的大背景下，《规划》出台的重要意义不言而喻。

具体来讲，政府需要发展和监管"两手抓"。最基本的是要完善各种服务平台的标准体系建设，探索并制定覆盖多数行业的标准规范，为各平台之间数据互通、资源共享奠定基础。同时，政府需要不断提高数字化治理的能力，持续有效的监管分析行业现状，及时发现问题、解决问题。此外，地方政府需要多从需求端入手，对接供需双方，加快各种数字化转型方案的落地。最后，要加强数字人才的培养，推广适配产业的解决方案和产品，联合科研机构、平台服务商、应用企业共同参与研究通用场景的数字化方案，培育适合数字化产业发展的生态体系。

12.2　完善金融系统对数字化转型的支持

需要数字化转型的企业或单位，尤其是中小微企业，通常面临转型成本高，开发时间长，运营成本高等问题，而且由于转型期间，原有的业务也会受影响，使得原本就不宽裕的现金流进一步缩减，所以通常数字化转型的计划只能胎死腹中。此外，数字化转型的过程中也有很多不确定性，包括成本支出的不确定性和未来收益的不确定性等，使得政府企业包括个人无法完整的完成数字化转型。因此社会亟须相应的金融服务以应对跨期风险和资金不足的问题。

国家可以在合理范围内进行补贴的同时，与各大银行联合制定支持中小微企业数字化转型的工作计划，设计合适的金融工具帮助中小微企业对冲跨期风险，针对数字化转型的收益进行专业评估，并形成各行业、各领域的评估标准，以此为基础施放投资活力，资助社会各领域的数字化转型，解决数字化转型资金不足的问题。同时，逐步开放数据资源资产化的窗口，探索数字化应用的债券化，完善数字化转型投入的保值、增值、变现与退出机制。

12.3 定期提供数字化转型的指导意见

2021 年以来，针对各行业出现的新问题、新需求，国家各机构出台了多个规范性、指导性的政策文件，以规范数字化转型过程的各类行为，提出数字化转型应有的要求与目标，并对多个可行路径进行了介绍与指引，如《关于加强数字政府建设的指导意见》和《关于银行业保险业数字化转型的指导意见》等，这些指导意见很好地帮助相关方认识到了数字化转型的重要性，同时也了解了数字化转型过程中可能遇到的问题与陷阱，帮助了企业与政府实现转型。

但数字技术与市场环境是在不断变化的，相关单位还需要持续监测技术发展和市场需求，对经验进行动态调整，在相对充分的征求各方意见，权衡各方利弊之后，定期更新指导意见，与社会各界共享信息，以应对环境变化。同时，对于指导意见的宣传与反馈，需要相应的组织与渠道，以确保指导意见的有效性。

12.4 完善落实数据治理不断释放数据要素价值

数据治理是数字经济时代，数据成为新的生产要素以后的必然要求。为了助力全社会的数字化转型，政府需要考虑公共数据的开放利用，以及要素市场的建立问题。

一方面，重视公共数据的开放利用。应继续注重对公共数据的管理与开放，基于已经颁布的地方政策进一步明确在实践上如何界定公共数据，并就公共数据的公开原则形成全国层面的共识。如 2017 年《贵阳市政府数据共享开放条例》中规定，除涉及国家秘密、商业秘密、个人隐私和法律法规规定不得开放的政府数据外，应当向社会开放政府数据。2022 年，《山东省公共数据开放办法》将"公共数据以开放为原则，不开放为例外"确立为立法的基本原则。2022 年，《黑龙江省促进大数据发展应用条例》将开放范围表述为"确定为有条件开放和不予开放数据的，应当以法律、法规或者国家有关规定作为依据"。2021年，《广东省公共数据管理办法》规定，法律、法规、规章及国家规定要求开放或者可以开放的公共数据，应当开放；未明确能否开放的，应当在确保安全的前提下开放。各地对于公共数据的开放利用并没有统一的共识，对于其中所涉及的概念也并未进行细致的区分，实践层面该如何操作也并没有形成公认的方案。

另外，要鼓励各地方公共数据开放共享平台的互联互通，将已有的数据释放出来，为数据流通提供数据资源基础。公共数据共享开发能够有效激发数据资源的活力，打破"数据孤岛"，带动社会整体数据流通共享氛围。

另一方面，完善要素市场建立，营造可持续的数字生态。数字化转型的全面推进，需要良好的数字生态支持，所以离不开数据的流动与价值实现，也就是数据作为生产要素发挥作用，只有数据的价值能够被放大并实现，数字化转型才能够获得真正的收益。2022年12月19日，中共中央、国务院印发《关于构建数据基础制度更好发挥数据要素作用的意见》（简称《意见》），就数据如何合规高效流通使用，赋能实体经济，提出了构建数据要素基础制度的框架。

首先，《意见》提出三权创新，建立数据资源持有权，数据加工使用权，数据产品经营权等分置的产权运行机制，推进数据分类分级确权授权机制，从政府、企业及个人3个层面去激励数据的高质量供给。其次，在数据的流通交易方面，强调规则的建立与机制的探索，鼓励构建国家级、区域性和行业性多级数据交易场所，支持场内场外多层次交易体系的建设。最后，《意见》提出了由市场评价贡献，按贡献决定报酬的机制，并确立了政府社会企业协同安全治理的原则。

在《意见》的基础上，建立健全数据要素市场规则，完善数据要素治理体系，加快建立数据资源产权等制度，并强化数据资源全生命周期的安全保护，推动数据跨境安全有序流动。同时，需要完善数据产权交易机制，规范培育数据交易市场主体，规范数字经济发展，健全市场准入制度、公平竞争审查制度、公平竞争监管制度，营造规范有序的政策环境。此外，还需不断夯实数字政府网络安全基础，加强对关键信息基础设施、重要数据的安全保护，提升全社会网络安全水平，为数字化发展营造安全可靠的环境。最后，需要积极参与数字化发展国际规则制定，促进跨境信息共享和数字技术合作，推动数字经济健康发展。

12.5　持续推进数字化应用场景建设

为了能够更好地引导全社会地数字化转型，"十四五"规划中明确的"数字化应用场景"工程在各地都有不同程度的落实，多个省市对管理区域内的数字化转型案例进行了收集分类，发布了多种场景清单，实施场景"揭榜挂帅"，开展试点示范，以此为基础拉动场景建设投资。数字化应用场景工程在起到数字化转型的示范性作用的同时，也激发了更多的场景应用需求。

具体而言，河南省甄选了 109 个典型应用，将其分为智能制造、智慧能源、数字农业、智慧文旅、智慧物流、智慧城市、公共服务、数字治理、智慧交通、智慧生态 10 个领域，并将"物联网 + 5G"应用相关的 34 个场景作为推广类的示范场景。辽宁则是把中心放在工业互联网上，围绕制造、实话、冶金、建材、轻工、纺织、医药、电子、采矿、电力、热力等行业整理了 1439 个数字化应用场景，并针对其中的痛点、堵点进行了调研分析，从而对政策的发力点和投入方向有了更清晰的认识。

全国范围来讲，数字化应用的场景清单仍然只是少数地区在着力建设，同时针对场景的分类没有形成科学的共识，以及建立清单之后的政策跟进也并没有配套，使得数字化应用场景工程的效果和意义大打折扣。所以，在推广场景清单的同时，也要进一步研究场景需求对数字化应用提供方的激励作用，做好供需对接的支撑服务。

案例篇

案例 1 凯盛浩丰数字化农业
全产业链解决方案

1 公司简介

凯盛浩丰成立于 2002 年，下设 13 家国内分支机构，创始团队拥有近 20 年"从种子到餐桌"全产业链经验，拥有多种蔬菜 365 天周年供应能力，在大田和智慧温室农业技术研发与应用方面围绕生菜、番茄等 35 个品种（种类）开发了配套的标准化种植管理专有技术体系，合计 1417 项，同时在大田、温室配套标准化等方面形成专有技术 214 项，通过数字技术＋农业技术＋操作流程开发"农业大脑"，创建中国农业的革新性数字平台，"浩丰数字大脑"已入选山东省第三批省级产业互联网平台示范项目。

2 核心解决问题

该方案的应用面临着一些挑战，例如：从智慧温室实际业务切入对生产意义较大，以实际的温室软硬件服务为切入点，具有更真实的竞争力，目前温室软硬件系统以荷兰等国外系统为主，数据不开放，植物模型与 IOT 模型未成体系。

除了面临挑战之外，农业还面临以下问题：分散经营小农生产、机械化水平不高、标准化程度低、生产技术落后、食品安全不可控、供需两侧信息不对称。

农业产业互联网平台整体构建在云上，充分发挥数据价值；以数据中台和业务中台为支撑，开发信息发布、交易执行、数据服务等通用中台能力；

围绕建、产、供、销、人才、金融服务各领域打造智慧基地、智慧供应、智慧生产、智慧营销、智慧人才和智慧金融业务场景服务。利用云计算、大数据、人工智能、物联网等手段，竖向打通农作物生产各个环节，实现温、光、水、气、肥合理化配置，优化选种、生产管理、采收、加工各环节管理；横向打通生产、物流、销售、金融等环节，指导现代农业生产。

3　收益和成效

3.1　经济效益

该方案有助于推进智慧基地、智慧生产、智慧供应、智慧营销、智慧人才、智慧金融的建设。

3.2　社会效益

大数据下的精准农业 + 云端的智慧农业是未来智慧农业的"雏形"，是未来农业在大数据积累、农产品可追溯机制的建立，以及人工智能在农业领域的应用等方向的强大助力。当下，正处于数字新基建的浪潮之上，各行各业均正在加紧数字化的脚步，农业的数字化也成为大势所趋，未来，现代化的数字农业将成为食品安全升级，农产品价值提升，智慧化、产业化种植等方向的"引路人"。

4　案例应用情况

凯盛浩丰搭建产业互联网平台，围绕平台发展有农业领域核心价值的产品生态，解决农业"卡脖子"项目，同步推进凯盛浩丰农业的全面数字化。

①农业大脑产业互联网平台（https://m.gengyunkj.com/）正式上线，目前在稳定运营中；

②水肥信息化系统 2.0 完成迭代，实现国产化替代；

③全国农业监控平台上线，整合十几个农业基地视频监控；

④农业大脑技术后台 1.0、大田数字农业应用 1.0、数字化仓储 2.0、植株模型、植株库等 10 多项农业相关应用，初步完成农业大脑平台的搭建。

通过数据中台和业务中台的支撑，案例围绕建筑、生产、供应、销售、人才和金融服务等领域打造智慧基地，并提供智慧供应、智慧生产、智慧营销、智慧人才和智慧金融等业务场景服务。利用云计算、大数据、人工智能和物联网等技术手段，通过竖向打通农作物生产的各个环节，实现温度、光照、水分、气候和肥料的合理配置，优化选种、生产管理、采收和加工等环节的管理。同时，通过横向打通生产、物流、包装、销售和金融等环节，指导现代农业生产的进行。

案例 2　SMore ViMo 智能工业平台助力工业数字化转型

1　公司简介

思谋科技由计算机视觉领域国际顶尖专家、香港中文大学终身教授、IEEE Fellow 教授贾佳亚于 2019 年创立，专注于计算机视觉和深度学习等前沿技术，赋能智能制造与数智创新，持续打造更具拓展性和普惠价值的智能工业与数智创新平台，不断推动产业数字化转型和智能化升级。现有员工超 60% 拥有硕士及以上学位。先后在香港、深圳、上海、北京、苏州、杭州、重庆、新加坡和日本东京等多地设有前沿技术研发与商务中心，产品和解决方案服务全球超 100 家行业头部企业，是智能制造领域全球领军独角兽企业。

2　核心解决问题

在智能制造领域，机器视觉技术的应用逐渐深入。思谋科技研发的 SMore ViMo 智能工业平台以机器视觉 AI 技术为内核，针对不同制造业中复杂各异的应用场景，打造出通用性强、性能优异、快速部署、软硬件协同的产品解决方案，让视觉技术深入产业一线，助力工业数字化转型，直接服务高质量发展的主战场。目前，已覆盖消费电子、汽车零部件、新能源电池、泛工业等多个行业，累计赋能产线数百条、应用到超千万件工业消费品中。

3 收益和成效

源于对轴承生产工艺的深入理解，思谋自研视觉融合方案依托 SMore ViMo 智能工业平台，将 OCR 字符识别、检测、分割等定制化 AI 算法进行融合，形成了一个适用于汽车轴承行业检测的算法库，攻克了两大行业难题——对生锈缺陷的精准识别，以及对脏污、压伤缺陷的精准区分，实现了视觉技术在轴承检测应用中的新突破。该方案兼容超过 20 种产品型号，可一次识别 23 种缺陷，检出率 ≥ 99.59%，过检率 ≤ 5%，检测水平行业领先。基于 ViMo 平台开发的检测一体机，检测速率可达 1300～1400 片 / 小时，远超过人工检测的 800 片 / 小时，检测速度提升超过 50%，替代原生产线上 80% 的人工，每年单机可节约 60 万元人力成本。同时，保证缺陷检出率 ≥ 99%，过检率 ≤ 1%。

4 案例应用情况

得益于新一代深度学习技术的发展，SMore ViMo 智能工业平台有强自学能力去判断、学习和进化，不断适应变化和未知，能够实现从图像采集到模型部署升级、再到生产线的完整闭环，通过与成像设备对接实现图像采集。用户对采集的数据进行标注，然后一键操作进行模型训练，将模型导出并部署到产线，即可直接对物料进行实时检测，大幅提升整体质检效果，在消费电子、半导体、汽车零部件、医疗器械、快消品等行业具有广泛应用空间。

4.1 汽车零部件质量检测 助力产业降本增效

思谋科技已经在汽车行业落地了多个外观检测项目，覆盖动力总成系统、车身系统、底盘系统、电控系统等，包括平面推力轴承 / 滚动轴承外观检测、刹车卡钳缺陷检测、转向节精磨面缺陷检测，以及仪表盘外观终检等，实现了降本、增效、提质的目的。思谋科技未来将把 SMore ViMo 智能工业平台应用在更全面的汽车制造场景，助力汽车行业实现智能制造全面升级。现有的检测方式已经无法满足企业对于产品质量越来越高的要求。针对企业痛点，思谋科技根据轴承行业的生产特性，提供了基于 AI 的汽车轴承智能检测与数据分析解决方案，依托 SMore ViMo 智能工业平台设计光学 & 核心机械机构方案，搭配工业大数据商业智能平台 BI，实现了产品的 100% 自动化智能全检与检测数据的智能分析。

4.2 赋能消费电子产品制造

SMore ViMo 智能工业平台在消费电子领域持续深耕，已为国内外超过 200 家头部手机、电脑、相机、家电等细分行业的厂商赋能。然而，消费电子行业整体生产产量受限且生产成本日益提升；在检测类别中，存在缺陷种类多、成像复杂且缺陷非常细小等问题，依靠常规打光和人眼难以明确辨别缺陷。因此，应用 SMore ViMo 智能工业平台，依靠多工位、多角度光学成像方案设计，可实现 360 度无死角成像，可检测缺陷种类 30 余种。通过统计缺陷，帮助改善生产工艺，提升生产效率。例如，在无线充电线圈的检测中，该套设备通过机械臂自动上下料，与产线无缝衔接。该设备搭载了思谋科技的视觉算法平台 ViMo 训练的分类和分割深度学习算法模型，提供 OK/NG 物料区分，对 NG 物料可进行 14 类细小缺陷检测和六大类分装盘等，全面提升产线检测效率。

案例 3　数控设备智联化运营管理平台

1　公司简介

曙光云计算集团有限公司于 1996 年 8 月 27 日成立，该公司秉承"共享数据价值，让城市智慧发展"的理念，创新提出"城市云"概念与"城市云脑"理念，在历时 10 年的服务过程中，已在成都、无锡、南京、包头、邯郸、抚州、宜昌等地，以"企业投资运营、政府购买服务"的模式建设了 50 余座城市级云计算中心，不断为各地政府、企业和公众提供优质的云计算服务、大数据服务和应用开发服务。

2　核心解决问题

针对目前离散制造业数控设备分散、离线管理等问题，以及由此造成的 IT 和 OT 无法融合、MES 数据无法获取设备状态数据进行生产任务排程、无法获取生产过程数据进行生产过程追溯等问题，主要通过构建数控设备智联化运营管理平台解决数控设备网络化、在线化管理等问题，以实现设备数据采集和在线控制、预测性维护、精细化管理。

针对目前中小企业缺乏数字化转型意识、资金、人才等问题，通过联盟内标杆企业数字化转型示范效应，以及信息科技企业与实体制造企业成果共享、共同推广的方式，探索实现制造业产业集群整体数字化转型的新模式。

3　收益和成效

3.1　经济效益

结合企业生产情况，通过对企业工厂生产链条和设备的数据采集、分析，对算法模型进行数据挖掘，实现生产流程优化、工艺参数优化、设备参数优化。产能提升 10%，节约能耗 5%，节省人工录入和统计分析成本 90% 以上。通过对设备数据的采集和分析，以及人工智能技术对设备管控进行优化，实现设备故障率降低 20%，设备异常停机时间减少 15%，设备综合效率（OEE）提升 15% 以上，设备维保人力减少 20%，生产效率提高 10% 以上。

3.2　社会效益

通过试点示范带动了当前企业开展数字化转型，通过成果共享对工业软件开发与推广实践模式进行了探索，通过组建专人专岗的数字化转型团队，在 4 家企业培养了 20 名数字化转型人才。通过 SAAS 模式有效降低了相关企业数字化转型的成本。通过整合、重构、再整合，不断吸纳中、小型企业加入平台，促进整个产业链数据的汇总。总结形成了传统工厂智能化改造实施经验、工业软件成果转化模式、工业互联网推广模式。

4　案例应用情况

形成了"工业企业 + 信息技术企业"联合研发推广的工业软件研发应用模式，利用信息技术企业在大数据、云计算、应用开发方面的技术能力将工业企业积累的工业技术诀窍转化为工业软件的工业知识。一方面，形成了真正意义上的具备工业知识的工业软件；另一方面，双方成果共享，共同在行业内进行推广，通过数字化转型整体提升了相关上下游企业的产能和产品质量，促进了产业的良性发展。

网络化改造以数据贯通为主要目标，基于统一数据标准和数据中台，开展数据的集成与应用，避免了数据孤岛的存在，在项目方案设计阶段基于业务流程和数据流程规划了数控设备智联化运营管理平台与上游 ERP、MES 等系统的接口交联关系。构建了数据中台，基于统一数据标准实现了数据流的贯通。

在团队人员配置和人才培养方面，总经理挂帅，组建了专人专岗的信息化实施队伍。在项目实施前期确定了专人专岗的数字化改造专员，并且各业务部门确定了对口对接人，组建了矩阵式实施团队，邀请专业数字化转型团队给公司内部实施团队进行专业知识培训，并且定期在内部开展项目推进例会、专题会、分享会，锻炼了队伍、培养了人才，为项目成功实施、见到成效奠定了基础。

统一规划、标准先行、分步实施，在方案设计阶段，基于统一业务架构、统一平台架构、统一数据标准进行规划，制定数据共享和集成的标准，制订分车间、分型号分步实施的计划。

案例 4　SoFlu 软件机器人助力中国石油重构大型商城系统

1　公司简介

飞算数智科技（深圳）有限公司（简称"飞算科技"）是致力于"软件工程变革"的高新技术企业。主营产品为 SoFlu 软件机器人，通过全自动软件工程，为软件科技企业和一般企业 IT 团队带来生产力的提升，真正实现"软件开发，十倍提效"。

SoFlu 软件机器人通过自动化、标准化和工具化，改变传统软件工程作业模式，让企业实现项目管理、后端可视化开发、前端可视化开发、自动测试、自动运维的全链条 IT 生产力提升；将互联网技术的实战经验和标准作业流程集成到工具，实现 IT 敏捷管理真正落地；最终使企业 IT 成本随软件规模增长呈几何级缩减，实现"一人一项目，十人抵百人"。

2　核心解决问题

随着国有企业数字化转型的深入，中国石油需要构建一个大型电商平台。由于传统行业的信息化团队人员配备较少，所以初期聘请了外部厂商进行开发。系统上线后，随着用户数量的增加和具有企业特色的功能需求不断提出，原有平台架构在功能、性能和扩展性方面已无法满足发展需求。如果依赖外部厂商进行开发，则面临着开发的成本投入庞大、开发周期长和改造完却不能够满足需求等方面的问题。经过评估，如果用传统开发模式进行重构，需要 27 人、330 多天才能完成，在时间上不能满足企业业务发展需求。

3 收益和成效

SoFlu 软件机器人是全球首款面向微服务架构设计和最佳实践的软件机器人，通过可视化拖拽方式及参数配置就能实现等同于编写复杂代码的业务逻辑，在设计业务逻辑时就完成了微服务应用开发，正所谓"业务即图，图即代码"，极大地降低了软件开发的门槛，中国石油信息化团队仅用 9 人 + 5 个 SoFlu 软件机器人，历时 45 天就完成了复杂度远超普通电商平台的系统重构，且保证平台稳定运行（图 1）。其信息化团队负责人公开表示："SoFlu 软件机器人真正让业务人员全程参与开发过程，更为关键的是让我们有了更大的底气，真正实现了对业务的自主开发。"

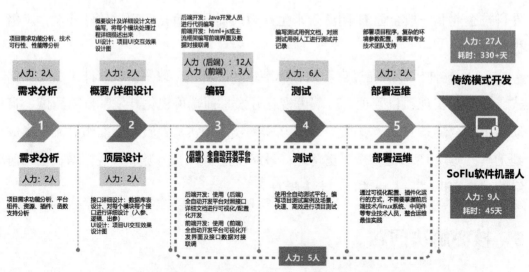

图 1 传统软件开发与 SoFlu 软件机器人软件开发效能对比

4 案例应用情况

4.1 集成多种先进管理方法，破解企业人员、项目管理难题

对于企业内部软件开发人员管理难、项目管理难的问题，SoFlu 软件机器

人将 CMMI、敏捷开发、DevOps 等管理模式有效落地，将安全规范、流程标准等原来需要靠人来管控的部分全部交给机器人来管理，保证员工所有的流程动作都是按照统一的规范来完成，并且保证系统符合等级保护第三级别测评质量标准。真正使得软件项目管理流程更加简单、高效，从而助力中国石油提升效率，降低成本。

4.2 标准化工具帮助企业降低软件开发准入门槛，实现自主开发

SoFlu 软件机器人内置标准化组件，开发流程也遵循统一的规则。一方面，解决了科技人员水平参差不齐的问题，通过工具统一了团队在软件生产上的高水准；另一方面，有效解决了传统方式下软件开发、测试、运维等各个环节之间的协作问题。全面提升软件生产的效率，降低管理成本和人力成本，全面扫除中国石油软件自主研发的障碍。

4.3 经验沉淀与复用，实现正向循环

使用 SoFlu 软件机器人，中国石油可以将开发技术成果、知识经验等沉淀在企业，使之成为其自身的技术资产。一方面，解决传统开发模式下重复"造轮子"的问题，使得中国石油的项目交付效率得以提升；另一方面，使得技术经验和成果的留存不受人员流动的影响，永保企业技术竞争力。

4.4 实践验证，保障软件开发安全

SoFlu 软件机器人所有封装组件均需经过含超 3000 条检验规则的代码质量检测工具检查，JAR 包均经漏洞扫描以保证稳定安全；同时通过 ISO 27001 信息安全管理体系认证并经过多方面多层次构建的安全体系实践的历练，以保障软件生产的安全性。

案例 5　基于人工智能技术的废钢智能验质系统

1　公司简介

河北钢铁集团（简称"河钢"）舞阳钢铁有限责任公司位于河南省平顶山市舞钢市，是我国首家宽厚钢板生产和科研基地，我国重要的宽厚钢板国产化替代进口基地，中国 500 强企业，河北省重要的利税大户。现有资产总额 132 亿元，职工 1 万余人。具有年产钢 500 万吨、宽厚钢板 300 万吨、销售收入百亿元的综合实力。该企业有 2 个炼厂，共计 5 座电炉，废钢消耗量巨大。该企业到场的料型极为复杂，废钢智能验质系统上线前，仍是传统的人工验质。

2　核心解决问题

随着工业化进程的加快，废钢产生量和钢铁冶炼消耗量快速增加。由于废钢使用量大，出现多料型掺杂混装且时常发生废钢掺假等现象，为保证产品质量、提升钢铁产量，避免爆炸、钢水喷溅等事故的发生，需要对购买的废钢进行验质。传统废钢验质受人为主观因素影响较大，无法形成量化的评价结论及很好的数据分析。

3　收益和成效

3.1　经济效益

废钢智能验质系统的上线，提高了现场工作的运行效率，验质人员可远程监控现场卸货情况，在有危险品等异物报警后，才需人员去现场确认。其从根本上断绝了验质的主观判断，通过计算因人工验质带来的扣重、判级不准确等情况，预计一年可为舞钢节省上千万元。

3.2　社会效益

①有助于贯彻循环经济推动双碳战略。废钢铁是一种可循环再生利用的宝贵资源，除含铁资源循环利用外，所有固体废钢等均需综合利用，变废为宝，这样才有助于钢铁行业在"碳达峰、碳中和"中做出积极贡献。

②有助于打造行业标准。针对废钢种类多、实际检测情景复杂、人工系统衔接不畅等问题，该系统实现了废钢验收全流程的无人化废钢等级智能识别与自动验判，提升了整个行业废钢检验的远程化、智能化水平，对推动河北省钢铁行业从长流程工艺逐步向短流程工艺转型有重要意义。

4　案例应用情况

该系统已经在河北钢铁集团舞阳钢铁有限责任公司上线运行。主要依靠质检员通过登高作业、近距离目测、卡尺测量等手段进行识别与定级，主观性大，客观性和精准性较差，判级结果异议较多，存在一定的安全隐患，且由于经验不足造成的判级与扣重差异，给企业带来了直接的利益损失。

河钢废钢需求量巨大，多为混合料型，料型识别难度大，同时各个料型占比均需要准确显示，这更是巨大挑战。河钢数字技术股份有限公司废钢攻坚战队面临巨大挑战，攻坚克难，用时 6 个月经过现场调试、试运行、培训，成功使废钢智能验质系统正式上线，同时整车判级准确率及各个料型占比判别准确率均达到 95%，超额完成客户预期。

河钢数字技术股份有限公司基于人工智能技术的废钢验质系统的研发，依托河钢下属钢铁企业多年丰富的废钢作业经验进行详细的产品设计。已经形成了良好的标准规范，可以进行高效地复制和推广。

在研发过程中，基于河钢多年的废钢料型、废钢作业流程、废钢卸货过程等资料，共计整理收集了 80 000 余张现场废钢图片用于废钢料型识别、料型占比、扣重模型等算法的研究及识别准确率的提升，产品与现场实际情况进行了紧密的结合，使产品更加贴近钢铁企业的应用，更能符合现场作业人员的使用习惯。该系统实现了指定区域拍照准确率达 100%，整车废钢拍照面积覆盖率达 100%，单块废钢准确率 ≥ 90%，碎料、土渣评级准确率与识别准确率达 100%，整车废钢评级准确率 ≥ 95%，整车的密闭容器、危险品识别率 ≥ 90%，扣重准确率 ≥ 90%。

利用人工智能技术，贴合钢铁企业实际，实现废钢验质从人工验质到无人验质重大突破的废钢智能验质系统，对提升钢铁企业核心技术竞争力，推进钢铁行业废钢智能化整体水平，打造钢铁行业统一废钢标准，将有重大的战略意义。

案例6 菜鸟智能化全球供应链极致运营网络

1 公司简介

菜鸟网络科技有限公司（简称"菜鸟"）成立于2013年5月，由阿里巴巴集团联合多家企业共同组建，专注于智慧物流领域新服务、新模式、新技术和新产品的探索，是一家以客户价值为导向、全球化的数字物流产业互联网公司。目前，菜鸟已形成消费者物流、国内供应链、国际物流及供应链、智慧物流园区、物流科技等业务板块，为企业客户以数以亿计的消费者提供优质的供应链解决方案。未来，菜鸟将继续深耕以"数字化＋智能化"为标志的数智化物流，推进发展数智供应链。

2 核心解决问题

菜鸟极致运营模式：全球供应链的极致性价比服务实现了用一杯咖啡的价格送达全球。菜鸟强于端到端"化零为整"（智能合单）跨境数字化供应链服务，助力企业一站式出海，将成本降低到极致。

引领性1：率先社会化协同整合合作伙伴运力，建设一张高效的网。电子面单（三段码，非标地址－标准化代码）统一快递数据标准，将社会化运力整合为一体，极大降低成本，提高时效；智能合单通过智能算法规划包裹最优线路，将多单包裹合并为一单包裹，在不提高成本的前提下将海运变为空运。

引领性2：商流与物流紧密结合，形成规模化流通效益。商流（速卖通、阿里国际站）与供应链运营能力的结合，打通了生产端与消费端，形成大物流的规模，边际成本持续降低（图 2）。

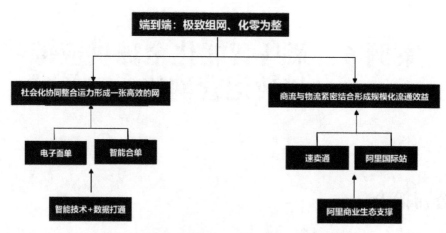

图 2　菜鸟创新模式：极致组网、化零为整

（资料来源：阿里研究院）

3　收益和成效

菜鸟助力企业实现全球供应链的低成本高时效（图 3）。新模式价值创造：通过单量、运力、时效、成本 4 个要素的组合与优化，实现了从高成本低时效到低成本、高时效。

全球前三物流巨头跨境小包成本：25~50 美元；50 美元 5~7 日达。
联邦快递 Fedex、敦豪 DHL、美国联合包裹 UPS
菜鸟跨境小包成本：10 美元 5 日达，5 美元 10 日达，2 美元 20 日达。
在不提价前提下海运变空运

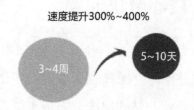

海运→空运+海外仓
中国—美国：从 30~40 天缩短至平均 5~7 天
中国—欧洲：从 3~4 周压缩到了 10 个工作日

图 3　菜鸟助力企业实现全球供应链的低成本高时效

（资料来源：阿里研究院）

菜鸟新模式具有引领性、主导力、普惠性。新模式影响力：该模式先进，覆盖面广、市场份额高，代表性、主导力强，普惠应用操作性强、价值大。胡润研究院发布的《2022 年中全球独角兽榜》显示，菜鸟是全球物流类独角兽企业榜首。罗兰贝格发布的《中国跨境航空货运白皮书（2022）》指出，菜鸟有望成为全球范围内、数智航运时代的领军者（图 4）。

覆盖面广、市场份额高：
2017年全国物流覆盖率菜鸟居榜首
数据来源：TalkingDate，中商产业研究院

2021年中国快递业务量约为1083亿件
菜鸟驿站日均处理快递量为4239万件，全年
为154.7亿件，相当于全国1/7
"双11"菜鸟驿站收件量单日破1亿件
数据来源：国家邮政局、人民日报

菜鸟覆盖全球224个国家

跨境物流合作伙伴数量约90家
（新加坡邮政、英国邮政等）

海外仓
全球十大分拨中心

跨境出口包裹量大（全球前四，中国领先）
2020年菜鸟首次成为全球四强物流公司，
日均包裹量与三大物流巨头（FedEx、DHL、UPS）比肩

图 4   菜鸟新模式具有引领性、主导力、普惠性

（资料来源：阿里研究院）

4   案例应用情况

奥源发业：1996 年诞生时仅有十几名员工，给国外品牌做初加工，走传统海运，效率低下。当时一大批订单货物在海上漂了整整半年，导致工厂严重亏损。厂长决定变革，采用跨境电商，用菜鸟跨境包机。奥源发业生产经理白晓菲表示，使用菜鸟"5 美元 10 日达"服务后，假发物流时效从平均三四十天缩短到平均 5~7 天，"传统的假发 B2B 贸易需要 3~6 个月才能对消费者需求做出反馈，现在一周时间就能针对消费者偏好做出产品更新调整决策，供应链反应速度提升了 30 倍"。

瑞贝卡：假发大王瑞贝卡国际电商部总经理张会婷表示，阿里巴巴集团在许昌建立了比较完善的"企业仓"，跨境电商平台完成交易后，由菜鸟根据交易信息完成后续的空运流程（端到端的一站式服务）。经过 6 年多的发展，瑞贝卡旗下使用的跨境电商通道已形成平台矩阵，"阿里""亚马逊""自建平台"为矩阵核心平台，"虾皮"（专注东南亚市场）等区域性跨境电商平台提供有效补充。

"相比于传统经销商通道，通过跨境电商平台，企业可以直接面对消费者，更真实地了解消费者的反馈和想法，也能更清楚地感知市场动向。"张会婷表示，通过菜鸟等"空中丝绸之路"，企业可以随时调整产品结构以满足消费者最新的消费需求，更有利于提升企业市场竞争力。从开通跨境电商业务至今，瑞贝卡跨境电商通道销售收入一直保持快速增长，连续多年业务增幅超过50%，其日渐成为企业品牌塑造的主要通道之一。

菜鸟自主研发的供应链路径规划算法荣获2021年弗兰兹·厄德曼杰出成就奖，这是全球运筹和管理科学界的工业应用最高奖，被誉为工业工程领域的"诺贝尔奖"，菜鸟是首批获得此奖的中国企业并位列第一。

案例 7 "全球购"+"福鲤圈"
线上线下数字智慧交融平台

1 公司简介

江苏瑞祥科技集团有限公司(简称"江苏瑞祥科技集团")成立于2008年,是一家总部位于镇江,员工总数超过2000人的综合型集团公司,多年来一直致力于贯通"第三方支付""智慧新零售",基于"线上线下"多方向的企业端服务工作。凭借在企业福利行业14年的深耕细作,目前服务超16万家企业用户,与3000个品牌60 000家连锁商超、百货、餐饮等业态深度合作,每年新增个人用户约2500万人。

2 核心解决问题

"全球购"+"福鲤圈"线上线下数字智慧交融平台是由江苏瑞祥科技集团基于"瑞祥智慧新零售"生态打造的定制化服务方案。通过运用大数据、人工智能等先进技术手段,对商品的流通与销售过程进行升级改造,完成供销商、客户、平台三方之间资源的高效流动,并对线上服务、线下体验及现代物流进行深度融合。

该平台主要由营销管理服务大平台、供销服务单元和供销信息系统构成,各系统通过数据运营中心共享信息,完成资源的高效流动。

江苏瑞祥科技集团充分利用线下实体门店布局,加快线上线下共享整合,现已形成以"全球购"+"福鲤圈"平台为纽带,"全球购"线下智慧新零售门店为交汇点，多品类、多渠道、多场景、多业态、多板块协同发展的运营生态圈。

3 收益和成效

该平台聚合了生活缴费、出行预订、酒店住宿、景点门票、演出票务、外卖服务、电子卡券兑换等多重增值服务，打造数字化消费"云场景"。同时，积极顺应数字经济发展趋势，及时升级福利平台界面及功能，不断迭代数字化场景的开发及应用，实现新消费的全渠道升级。

瑞祥"全球购"平台旗下有瑞祥 B2B 供应链订货平台，其服务于瑞祥商户及中小客户，提供品类齐全一站式采购优化方案和全国物流送达服务，缩短了店铺货物流转周期，提高了货物流转效率，大大降低了店铺采购成本。

2021 年，该平台访问量（PV）为 55 842 万次，独立访问量（UV）为 1481 万次，APP 下载量为 122.9 万次，增长率为 79.94%。截至 2021 年末，用户注册数量为 4500 万户，增长率为 50%，全国线下体验店超 300 家，线上用户为 4500 万户，电子商务产品销售率实现产品销售量的 50% 以上，获得同行媒介的高度评价。

4 案例应用情况

该平台建立全面的电子会员体系，现拥有注册会员 3000 余万人，汇集全球食品、日化美妆、进口母婴、生鲜速冻、精品家用电器等上万种品项，并与京东、网易严选、小米有品、唯品会、易果生鲜、卓志跨境等众多电商平台进行技术对接，极大丰富和拓展了商品供应链。

瑞祥"全球购"线上平台通过网上展示、线上交易、线下配送，实现消费者足不出户，点击消费，无接触配送。消费者还可以通过微信小程序、APP 等享受衣食住行全方位的商务信息，包括餐饮、娱乐、休闲、酒店、电影票等各种生活团购，为消费者发现值得信赖的商家，让消费者享受超低价折扣和优质服务，同时也为商家找到合适的消费者，给商家提供优质的互联网服务。

瑞祥"全球购"线下门店可以让消费者享受更直观的购物体验，也满足客户的实物团购需求，同时与美团外卖合作，消费者可以通过美团外卖下单，享受更多优惠，从而实现"无接触式配送"，让消费者足不出户享受优质的购物体验。

项目实施期间，江苏瑞祥科技集团成功转化了20项技术成果："瑞祥互联网络商城软件V2.0""瑞祥互联会员服务系统V1.0""瑞祥御付宝聚合支付管理平台软件V2.0""瑞祥移动支付系统V2.0""瑞祥互联网络支付平台V2.0""瑞祥卡券中台系统软件V1.0""瑞祥新零售系统软件V3.2""瑞祥提货券中台系统软件V1.0""瑞祥智慧云店系统软件V1.0"应用于瑞祥全球购线上平台；

"瑞祥互联智能POS系统V1.0""瑞祥互联收单服务平台V1.0""瑞祥云宝智慧收银系统软件V1.0""瑞祥工惠智慧云管理平台软件V1.0""瑞祥工惠云服务平台V2.0"应用于瑞祥全球购线下门店；

"瑞祥福鲤圈APP系统V2.0""瑞祥互联征信服务系统V1.0""瑞祥福鲤圈小程序系统""瑞祥生活圈会员营销系统""瑞祥商户宝软件V1.0""瑞祥全球购APP V1.0"应用于瑞祥全球购APP、小程序。

案例 8　美团零售助力数字社会建设

1　公司简介

美团是一家科技零售公司。美团以"零售 + 科技"的战略践行"帮大家吃得更好，生活更好"的公司使命。自 2010 年 3 月成立以来，美团持续推动服务零售和商品零售在需求侧与供给侧的数字化升级，和广大合作伙伴一起努力为消费者提供品质服务。2018 年 9 月 20 日，美团在港交所挂牌上市。美团始终以客户为中心，不断加大在新技术上的研发投入。

2　核心解决问题

2.1　抗疫保供问题

2022 年 3 月以来，国内疫情防控形势严峻。受疫情影响，北京部分地区出现订单量激增的情况，上海隔离在家的广大居民面临吃饭难的问题。

2.2　农产品损耗、农产品消费促进

农村地区零售网点长期以夫妻店为主，存在网点不足、质量不高，假冒伪劣产品、过期食品售卖等多重问题，同时农村人口密度低导致大型连锁商超难以正常经营、传统电商下沉困难，目前国内仍有六成行政村快递难以触达。

3　收益和成效

3.1　经济效益

美团聚焦"零售＋科技"战略，通过零售模式，将互联网等数字技术服务融入社会和日常生活，在积极助力抗疫保供、促进农产品质量提升及消费、集中采购压缩流通环节、减少农产品损耗、促进生鲜农产品上行、助力乡村振兴等方面构筑全民畅享的数字生活。

3.2　社会效益

美团的"零售＋科技"战略在民生保供中发挥显著优势，在促进公共服务和社会运行、构筑全民畅享的数字生活等方面发挥了巨大作用。

4　案例应用情况

作为北京市重要保供企业，在抗疫保供期间，美团买菜北京地区订单配送时间延长至每天 24 时，同时加大备货量。一线分拣人员增加 70%，配送人员增加 50%，除个别积压站点外，尽可能保证订单当日完成配送。针对肉禽蛋奶及新鲜果蔬等市民采购量比较大的商品，美团买菜加大了相关商品库存，保供期间，按日常消费的 3~5 倍进行备货，确保相关商品库存充足、价格稳定。通过提供"无接触配送"服务，保证商品与履约链路的安全。在上海，美团克服疫情带来的多种影响，集全公司之力竭尽所能从各地采购新鲜蔬菜、口罩、食用油、大米等，努力保障上海最急需的货品供给。在运力保障方面，美团增加了 50 辆自动配送车支持上海最后一公里保供工作，37 辆参与社区物资配送，3 辆参与瑞金医院抗疫，10 辆参与复旦大学抗疫，服务浦东新、杨浦、黄浦、静安共 4 个辖区 15 个社区，在社区、医院、高校等多种复杂场景下配送 54 万单（件），服务居民、师生、医护工作人员近 10 万人（2022 年 6 月 1 日数据）。扩充 4000 名骑手，为上海餐饮门店、医院、养老院、学校等机构提供安全、稳定的食材，争取让社区居民"买得到、拿得到、买得起"。为解决隔离在家的广大居民吃饭难问题，在上海市政府指导下，美团买菜上线社区集单服务，以居民小区为单位开通服务，优先覆盖封闭小区多、配送压力大的重点区域。

美团优选商品以居民日常高频消费的品类为主，数量有 1000~3000 种，这大大突破了传统零售电商在生鲜品类的局限。相较于其他生鲜电商模式，美团优选的履约成本远低于前置仓模式，成本优势使得美团优选能有效下沉到乡村地区，增加乡村零售网点密度和消费便利度。预售制有效降低农产品损耗成本，超市的生鲜损耗率通常在 5%~15%，农贸市场生鲜损耗率在 10%~20%。美团优选拥有深入农村腹地的配送网络，相当于把城市的大型连锁超市开到了农村的每一个角落，大大增加了供给密度，同时和优质的供应商合作严控标准，大幅减少农村假冒伪劣产品问题。郑州暴雨发生后，美团优选开仓，无偿捐赠郑州中心仓内全部生活物资，共计 63 万件，帮助当地居民度过灾害初期大批救济物资没有抵达的日子。美团优选所捐赠的 63 万件生活物资，正是依托自建的物流体系，在 5 天内动用近 300 车次和大批奋战在灾区一线的员工，及时配送到了河南郑州、新乡等地的 174 个救援点。此外，还调度专线车辆在 48 小时内将中国红十字基金会捐赠的 5000 个赈灾家庭箱跨省运送到灾区。针对 2021 年 1 月的疫情，美团优选"农鲜直采"启动助销行动，15 天销售秭归脐橙超 68 万斤，10 天销售武鸣沃柑超 22 万斤。据不完全统计，截至 7 月，美团优选仅通过政府合作项目实现的滞销农产品销量就达到了 550 万斤。

案例9 联网助力城市数字经济建设
——小翼管家 APP 产品

1 公司简介

天翼数字生活科技有限公司于 2021 年 7 月成立，是中国电信集团面向数字生活领域设立的全资子公司，负责提供数字生活领域中产品、综合解决方案和生态的场景化应用运营。

该公司融合中国电信云网、客户、渠道、品牌等资源优势，携手生态合作伙伴，共建开放、完善的数字生活基础平台，为用户提供安全便捷的一站式智能数字生活服务。

2 核心解决问题

用一个 APP 解决数字生活领域家庭、社区、乡村场景的割裂问题，升级城乡居民生活，促进经济数字化转型，推动数字中国建设。

广大普通用户对数字化、智能化生活感知不足。各类社会、商业服务资源缺乏统一入口。家庭与社区、乡村、城市场景相互独立，缺乏纽带串联。亟须打造覆盖家庭、社区、乡村的一站式数字生活体验和全场景服务中心。

作为智能设备和用户连接的纽带，小翼管家 APP 实现了传统家庭生活的智慧化升级，不仅提供 Wi-Fi 管理、智能家居控制、同城服务、线上购物等服务，还融通乡村、社区板块，引入社会服务、商业资源，通过异业资源整合丰富应用，以生活服务拓展业务边界，打造全场景服务版图，壮大了数字经济产业。

3　收益和成效

3.1　经济效益

作为电信数字生活统一入口 APP，小翼管家 APP 用户超过 1 亿户，日活跃用户数量超 550 万户，月活跃用户数量超 2100 万户，具备可观的业务规模和用户认可度。2021 年，线上订购额达 2300 万元。

3.2　社会效益

小翼管家 APP 融通家庭、社区、乡村多个场景，在家庭场景中汇聚天翼看家、安全管家、全屋 Wi-Fi、天翼云盘、全屋智能等产品应用控制入口，把智能家居"装"进口袋，手机上点一点，用户就可以进行智能家居、家庭网络、家庭娱乐的控制，远、近场控制集于一体，尽享智慧生活。在社区场景中，小翼管家 APP 汇聚一键开门、访客预约、在线报障、线上缴费等功能，绑定智慧社区，可数字化感受社区内人、车、房、智能感知设备的统一可视化管理，体验智能化的社区人居生活。在乡村场景中，可以通过 APP 中的天翼看家来看家护院、看塘守地。小翼管家 APP 现已上线党建动态、村务公开、村务政务、乡村治理等多个板块，这给村民和村委会之间搭建了一个畅通的信息平台，外出打工的年轻人也能及时了解家乡日新月异的变化。

小翼管家 APP 还针对"银发"人群上线"关爱版"模式，针对年长用户进行方便阅读、减少操作障碍、丰富生活服务功能的改进升级。打破藩篱，深度整合，小翼管家 APP 从健康、日常等多维度提供直达核心需求、有温度的服务，帮助"银发"人群颐年乐享，彰显其服务民生、守护美好生活的社会责任和社会担当。

科技赋能智慧生活，无疑，小翼管家 APP 的全场景控制功能已不再局限于"操控工具型 APP"的定位，而是成功打破了家庭终端孤岛化现象，直击用户痛点，实现跨品牌、跨设备的操控和场景化联动，成为基于数字生活的生活服务共享生态平台。

4 　案例应用情况

小翼管家 APP 为湖北某地用户打造一站式数字生活体验，覆盖家庭、社区两大场景，用户可以通过手机操控智能家居设备，家庭数据与社区平台联通，家中出现盗窃 / 漏水 / 火警等情况，告警信息同步至社区大屏，物业快速上门，杜绝隐患。

上百个标准化原子能力可供调用，可向政府、社区等平台输出安防设备告警等信息，实现适老化、安防火警、防疫等典型数字化场景。

具体应用方向包括：

①面向 C 端用户的宽带网络、智能家居等智慧家庭应用；

②智慧社区应用管理；

③数字乡村应用管理；

④同城便民服务。

案例 10　阿里云政务云安全建设实践

1　公司简介

阿里云创立于 2009 年，是全球领先的云计算及人工智能科技公司，致力于以在线公共服务的方式，提供安全、可靠的计算和数据处理能力，服务着制造、金融、政务、交通、医疗、电信、能源等众多领域的领军企业。

在安全领域，阿里云保护全国 40% 的网站，每天抵御 60 亿次攻击。作为亚太地区最早布局机密计算、拥有最全合规资质认证的先行者，阿里云是 2020—2021 年度国内唯一整体安全能力获国际三大机构（Gartner/Forrester/IDC）认可的云厂商，以安全能力和市场份额的绝对优势占据领导者地位。

2　核心解决问题

2.1　云平台持续合规

作为全新引入的基础设施，云平台如何满足等保测评与各项评估不断演进的安全要求，是数字政府运营的及格线。

2.2　多系统数据安全与身份管理

随着"一点接入，全省共享"的数据与业务打通，政务云平台一方面需要应对信息泄露与内容篡改；另一方面随着操作人员的转岗、升 / 离职，如何管控高权限账号的"上帝之手"，以及安全便捷地保障信息流转成为主要问题。

2.3　面向实战的一体化安全运营

某省政务"一朵云"覆盖了多级政府部门,服务器数量逾 6000 台,日常产生着海量安全数据、告警,庞大而复杂的信息系统让安全工作有些无从下手,能否第一时间发现并处理安全事件、能否提供可追溯的事件记录、能否收获全局观察与展示成为挑战。

3　收益和成效

作为该省政务"一朵云"平台规划和建设的重要部分,安全能力支撑应用"政务钉钉"实现全省公务员掌上办公,政务服务 100% 网上可办,覆盖各类高性能、高并发场景。

① 累计防御各类外部攻击 11 亿 5000 万次,化解中高级安全风险数千起,平台上线至今无重大安全事件。

② 累计响应安全支持需求数千件,解决率达 100%,降低安全运维工作量。

③ 高分通过等保 1.0、2.0 测评、云计算安全评估,满足各项合规要求。

④ 成功护航国庆 70 周年、健康码上线运行、世界互联网大会等重大任务。

⑤ 在高强度攻防对抗场景实现 0 失分。

4　案例应用情况

基于经过大规模商用考验的原生安全能力,阿里云统一安全运营解决方案为该政务云构建了与阿里公共云技术同源、经验复用的稳定政务云平台,在高并发、弹性、同城 / 异地灾备等多种场景中,保证安全、合规(图 5)。

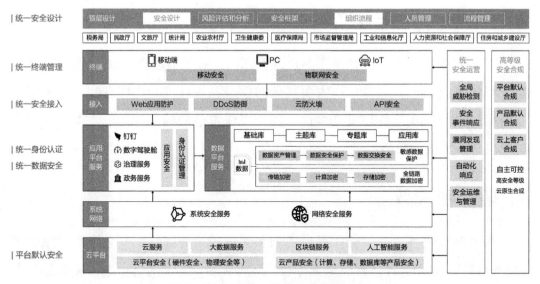

图 5　阿里云统一安全运营解决方案

4.1　原生安全建构纵深防御平台体系

在"横纵一体"的服务体系中，云平台需要提供的安全能力应该是弹性、灵活、融入底层存储、系统、数据等关键组件和关键信息的每一环的，在信息交换中产生的数据流转与调用都必须可查、可控、可溯源，做到物理中心安全、基础平台安全、身份权限管控、数据分类分级，形成扎实可靠的基础云平台（图6）。

安全能力与云平台/云产品融合，将安全能力内嵌到基础架构中；采用安全开发流程以保证云产品代码安全；内置安全监控措施与保障手段，从硬件层面保障更高安全等级。

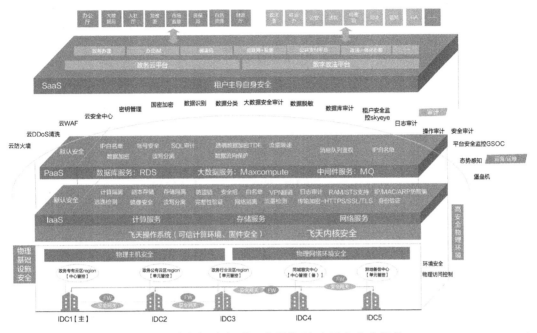

图 6　该省级政务"一朵云"基础平台安全架构

4.2　一个云平台用户的"业务安全视角"

一个云平台用户在阿里云上，都有哪些安全能力为其护航？

租户视角下，数据从终端流向云平台需经过多重验证过滤，最后进入由数据安全体系支撑的系统及数据库。在复杂业务中，涉及与本地数据中心、其他 VPC 及数据中台的业务交互时，均有严格的访问控制和隔离策略（图 7）。

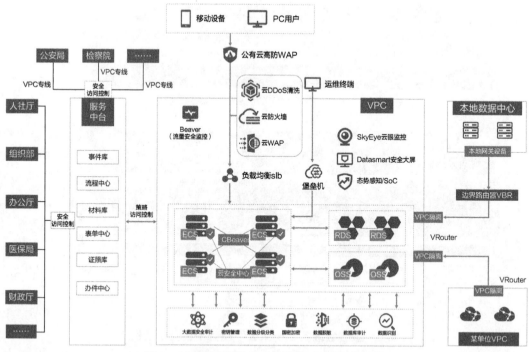

图 7　该省级政务"一朵云"业务安全架构

4.3　一站式安全建设运营

根据业务需求，提供防护体系设计、迁云上云、云上安全运营、安全增值服务等端到端运营保障；基于海量威胁情报与平台数据的关联分析能力，帮助云上各委办局租户实现威胁检测、预警、响应、溯源的自动化风险识别和修复闭环。

提供云安全中心、态势感知、云防火墙、数据盾等 14 项本地服务 +4 项阿里公共云安全扩展服务；

态势感知等分析运营平台配备安全专家以实现 7×24 小时实时安全监测护航，实时预警并及时处置网络攻击和入侵行为；

协助开展系统部署上线后的安全检查与报备。

4.4　持续高等级安全合规

阿里云是亚太地区权威合规资质最全的云服务商之一，能够紧跟各项要求、趋势，第一时间针对性整改，从而保障云平台持续合规。

阿里云曾陆续获评云计算等级保护 2.0 唯一示范单位，全国首个通过云计算等级保护 2.0 三级测评的政务云平台，全国首批通过中央网信办云计算服务安全评估（增强级）、全国首批通过工信部云计算服务能力评估（双一级）的单位，满足多部委针对云计算出台的高等级安全要求。

案例 11 以数致用，SoData 数据机器人赋能医疗行业高质量发展，助推数字社会建设

1 公司简介

飞算数智科技（深圳）有限公司（简称"飞算科技"）是一家自主创新型的科技公司，作为国家级高新技术企业，该公司以互联网科技、大数据、人工智能等技术为基础，基于团队在相关领域多年的实践经验，将技术与应用深度融合，推出以 SoData 数据机器人为核心的一系列技术领先且在应用层面稳定成熟的产品，致力于为民生产业、中小企业、金融企业等不同类型客户提供科技支持与服务，助力客户实现科技化、数字化、智能化转型升级。

2 核心解决问题

飞算科技以河南省某三级综合医院业务系统数据为基础，通过数据开发治理工具 SoData 数据机器人一站式解决企业数据"实时、轻量、多源、异构"需求，核心解决问题具体如下所示。

系统不稳定。数据转移时服务器资源占用大，频频引发宕机，严重影响正常业务系统运行。

数据转移耗时长。每次数据转移需要耗时 8~9 小时。

数据转移时效慢。无法做到数据转移的实时处理，处理时效至少为 T+1。

数据多源异构。关系型数据库和非关系型数据库并存，结构化和非结构化

数据需要统一处理。

数据的完整性、一致性难以保证。由于各信息系统采用的技术和标准规范不同，在数据融合时可能会破坏数据的完整性、一致性。

3　收益和成效

3.1　保证稳定

各卫生机构之间居民健康数据互相接入的过程中，SoData 数据机器人所支撑的医疗业务平台对所消耗的源库资源进行高效利用，保证在接诊高峰期既能高效完成数据工作，又不会因服务器资源占用影响其他院务系统正常运行。平台上线后也没有出现系统瘫痪、宕机问题。

3.2　效率增倍

数据实时处理和传输，数据迁移效率实现飞跃性提升，百万级数据可在秒级或分钟级别内完成迁移。

3.3　扩展性强

支持多种数据库类型的无缝对接。未来，随着业务数据大规模增长，可支持计算和存储资源的水平扩容。

3.4　适应性强

贴合国家医共体信息化建设指南的相关要求，完美解决了该医院数据治理过程中的诸多问题，获得河南省卫生健康委网络安全和信息化工作领导小组认可。

4 案例应用情况

4.1 真正的批流一体分布式计算，助力医院在资源有限的情况下实现大规模数据迁移

用高效快速的 Spark-SQL、Flink-SQL 引擎进行数据分析计算，支持 Kafka+Flink/Spark 方式实现流处理，实现批流一体。同时，在医院数据拉取过程中几乎不消耗资源，可实现单机部署。基于 Flink 的深度二次开发，SoData 数据机器人支持批次数据和实时数据整合在同一任务中进行处理，实现多作业并行开发，以此来解决医院在资源有限的情况下实现大规模数据迁移。

4.2 实时 + 批次同步解决医院大规模、异构数据处理的效率问题

支持主流数据库间的实时 + 批次同步，将市场主流的数据库之间的转换逻辑封装成实时同步组件和批量同步组件，减少异构数据转换的操作。最终做到秒级延迟，稳定高效，平均延迟 5 ~ 10 秒。支持各类异构数据库包括 MySQL、TiDB、SQLserver、Oracle、Hive、Kudu、Cache、文件、Greenplum、达梦数据库、Druid 等的数据批次同步；支持源包括 MySQL、MariaDb、MongoDb、PostgreSQL、Oracle、SQLserver 的实时同步。

4.3 强兼容市场主流数据库，解决医院异构数据源统管利用难题

在支持传统关系型数据库（MySQL、Oracle、SQLserver）、非关系型数据库（MongoDB）的基础上，对大数据平台（Hive、Impala、Kudu、PostgreSQL）、国产数据库（TiDB、达梦数据库）、其他数据库（Druid、Cache 等）也提供广泛的支持，尤其对医疗行业某些特殊的数据库类型也能无缝衔接支持，并不断扩展。

4.4　可视化运维＋数据质量管理＋血缘关系追踪，保证医院数据开发治理全流程管理

采用可视化作业运维，减少运维成本提高工作效率。

提供数据标准管理、元数据管理、生命周期管理、数据质量管理，内置 13 种数据校验模型，保障数据传输的完整性和准确性。

利用血缘关系技术做数据质量追踪和管控，当业务系统数据变化时能够实时监控、反馈。

打造一体化数据治理体系，全面监控数据全生命周期各环节，实现全面稽核和预警，通过严谨的数据质量评分机制，让数据治理有理有据。

案例 12　江苏省人社一体化信息平台

1　公司简介

腾讯云是腾讯公司旗下的产品，为开发者及企业提供云服务、云数据、云运营等整体一站式服务方案。具体包括云服务器、云存储、云数据库和弹性 Web 引擎等基础云服务；腾讯云分析（MTA）、腾讯云推送（信鸽）等腾讯整体大数据能力；QQ互联、QQ空间、微云、微社区等云端链接社交体系。这些正是腾讯云可以提供给这个行业的差异化优势，造就了可支持各种互联网使用场景的高品质的腾讯云技术平台。

2　核心解决问题

为响应国家"放管服"改革号召，推动业务系统性的数字化转型升级，江苏省人力资源和社会保障厅着手建设全省集中的一体化云平台——江苏省人社一体化信息平台。江苏省人力资源社会保障厅服务上亿人，纵贯省、市、县（市区）、街道（乡镇）、社区（村）5级经办业务，具有极大复杂性。以前，江苏省的人力资源社会保障厅数据分散在各市的"盘子"里，各地都有自己的一套人力资源和社会保障（简称"人社"）系统，业务模块分散，数据统计烦琐，不便于跨省跨市事务的办理。同时，如何应对海量数据高并发，并实现 7×24 小时服务不断档、业务不掉线等，都是平台建设的关键和难点。

成为省、市、县（市区）、街道（乡镇）、社区（村）5级人社经办业务、行政审批和公共服务的大平台，纵向集中统一、横向集约整合、纵横联动协同的大平台。实现人社行业首次大规模"技术 + 业务"平台融合实践。

3 收益和成效

3.1 经济效益

上线次日，全省人社办件量 30.1 万件、查询量 424 万件、社保卡新制卡 4.8 万张、社保卡刷卡 895 万次、网办注册用户总量 573.9 万户、CA 用户总量 38.3 万户。目前，该平台服务覆盖全省 8000 多万常住人口、3000 万省外人员及近 300 万家企事业单位。

3.2 社会效益

大大提升了省级人社平台的服务效能和服务质量。根据相关数据显示，2022 年 5 月 12 日，江苏省人社一体化信息平台业务经办总量突破 10 万件，包括就业创业办件量 4134 件、社保卡办件量 27 039 件等。不仅满足多地区、多层级、多业务的需要，还为实现全省人社一体化、业务在线化、治理数据化、服务智能化奠定了坚实基础。

4 案例应用情况

江苏省人社一体化云平台是人社部在江苏开展的全国统一软件和省级一体化系统建设试点项目。

江苏省人社一体化信息平台为人社部全国首个 leaf6.2 框架省级试点，建成全省"业务统一、标准统一、系统统一、数据统一、管理统一、服务统一"的"六统一"人力资源和社会保障一体化信息平台，实现公共就业、社会保险、人事人才和劳动关系各业务板块省集中系统的协同运行。

2021 年 10 月 11 日，江苏全省各级人社部门完成一体化信息平台切换上线任务，在人社行业实现了首次大规模"技术 + 业务"平台融合实践。江苏全省人社系统自此全面进入大集中、大服务、大数据时代，可为广大民众和用人单位提供更多"快办、秒办"的高效便捷人社服务。

在人力资源方面，市民只需要登录平台注册一次，就可以获取并比对江苏全省的岗位信息，该平台也会根据求职意愿，精准推送最适合的岗位，最大限度地提高人力资源的匹配效率。

案例 13　枣庄市新型智慧城市建设项目

1　公司简介

枣庄市民卡管理有限公司是由枣庄市政府授权独家建设、管理及运营"爱山东·枣庄"APP的国有独资企业。该公司以市民为中心，坚持"便民、利民、惠民"的宗旨，负责大数据驱动下的新型智慧城市建设及运营。该公司秉承对枣庄居民"服务一生、记录一生、管理一生"的理念，采取以线下实体社会保障卡为主，线上电子实名卡为辅的方式建设。实现了市民多码合一、一码多用、一码通用，把高质量服务覆盖到市民生活的方方面面。

2　核心解决问题

目前，市场上的新型智慧城市建设项目普遍存在三大问题：①城市数据融合和协调联动不足；②城乡发展和区域不均衡较为明显；③尚未形成新型智慧城市共建生态。

该公司的解决方案为：①完善新型数字基础设施，和国内知名设备提供商进行合作，加快推进基础设施的智能化，促进市政设施智慧化，提高城市数字化水平。②推进公共服务公平普惠，建立跨部门跨地区业务协同、共建共享的公共服务信息体系，提供便捷化、一体化、主动化的公共服务。③结合农村发展实际，建设社会主义智慧新农村，构建以东促西、以城带乡、以强扶弱的新格局，从而解决发展不平衡问题。④深化城市数据融合应用，着力推进城市数据汇聚，构建高效智能的城市中枢和透明政府。

3 收益和成效

枣庄新型智慧城市建设项目的经济效益和社会效益情况如下。①社区实现智慧管理，通过智能监控摄像头、小区人脸识别门禁、车辆智能道闸、社区智慧大屏、智能物业管理系统的四硬一软配置，该公司已经在63个社区（村）进行了社区智慧化建设，实现社区智慧化管理。②实现智慧交通服务，拥军码、适老码等特殊码已经投入使用，有效提升居民乘坐体验。③枣庄居民码服务实现"多码合一，一人一码，一码互通"。覆盖健康防疫、预约挂号、旅游等公共服务领域，切实增强市民的体验感和获得感。④完善智能生活缴费，整合生活服务类缴费功能，实现用户线上一键缴费、一键处理、一键查询消费情况，该公司已经成功接入8家供水公司，6家热力公司，实现枣庄区域民生缴费全覆盖。

4 案例应用情况

枣庄市新型智慧城市建设项目立足智慧社区、智慧交通、生活服务和市民码四大核心领域，打造枣庄智慧数字平台，建设运营新范本。通过以点带面，并与居民需求相结合，最终实现智慧城市的全面发展和不断完善。智慧社区结合人脸识别门禁、人脸识别摄像机、智慧停车系统、智慧大屏信息系统，实现社区智慧身份认证与识别、社区管理与服务、安全保障服务等智慧管理、商业服务及应用功能。结合社区大数据系统，建立居民档案一卡通，实现居民信息管理智能化，有效管理居民户数、总人口、水电使用情况、人流量、车流量等详细信息。实现社区产业智能化管理，建立社区人口产业变化展示等小区智能数据查询统计，为下一步智慧社区规划提供有效的数据支持。通过提供政府公共服务和社会管理服务，实现公共服务和管理、智慧大屏信息公告和发布、网上办事、应急通知等功能。提供社区智慧管控服务，包括治安防控、警民互动、重点人群管控、法律服务和科普宣传等，为枣庄居民提供安全可靠的居住环境。

枣庄市新型智慧城市建设项目立足于深化"数字枣庄"建设，结合枣庄市城市发展实际情况，政府主导，市场运作。坚持把社会效益放在首位，在项目统筹规划、平台建设、资源整合、业务监管等方面体现政府的主导作用，同时发挥市场的快捷灵活优势，保持可持续、开放、平稳运营。实现统一规划，整合共享。通过新型智慧城市建设项目整合部门资源，促进市民相关信息的交换与共享，提升政府公共服务的效率和质量。整合全市各领域信息数据资源和服务管理力量，加强管理，保障安全。坚持超前规划、绿色集约、共建共享，构建泛在互联、融合智能、支撑有力的公共服务共享管理体系，加强系统安全、数据安全及金融安全管理，保障人民群众利益，建设城市智能服务综合体。

案例 14 河北省应急管理
综合应用平台建设

1 公司简介

太极公司是中国电子科技集团网信产业龙头企业，是我国数字政府、智慧城市和关键数字化转型服务的领先企业。太极公司致力于成为中国最优秀的公共安全和应急管理服务的国家队，经过近 20 年的技术研究与行业实践，积淀了基础支撑、应急大数据、感知网络、业务应用、信息发布等系列产品、应用系统与解决方案，凝聚了大批公共安全和应急管理的业务专家和技术专家，为客户提供咨询规划、软件开发、系统集成、运维服务等高水平的信息化服务，是国内公共安全与应急管理业务领域信息化服务的领先企业。

2 核心解决问题

河北省应急管理综合应用平台是紧密围绕地方应急管理业务，以问题为导向，以支撑"全灾种""大应急"管理为理念，高起点谋划，遵循新时代应急管理信息化建设规律，着力打造的"智慧应急"综合应用平台，为河北省各级应急管理部门开展业务提供有效支撑手段，以信息化推动应急管理现代化，全面提升精准监管、风险识别预警、智能辅助决策、数字化指挥救援的能力。

3　收益和成效

3.1　智慧应急总体体系架构初步构建

该平台以"4+4+1"的总体架构搭建，建设资源共享、视频汇聚、融合通信、大数据应用四大能力支撑平台，实现数据与通信的互联互通和大数据的分析挖掘能力。

3.2　应急管理数据资源汇聚治理显成效

该平台有应急管理大数据一体化平台，提供数据采集、数据治理、数据分析及数据共享能力。目前，大数据一体化平台针对应急行业数据进行目录编排，提供资源库编制、主题库制定以专题库制定，可快速搭建应急管理大数据库，为上层应用提供有效的数据支撑。

3.3　核心业务需求应用体系全覆盖，为建设"智慧应急"提供手段，为推动河北省应急管理现代化发展提供支撑

在安全生产方面，提供风险辨识管控和隐患排查治理、网格化监管、执法监察、重点化工企业监管等业务支撑应用；在应急救援方面，覆盖突发事件应急处置事前、事发、事中及事后的全过程业务线，提高了应急指挥救援水平和灾害事故信息获取能力。

4　案例应用情况

河北省应急管理综合应用平台有效地支撑了省市县三级应急管理部门开展应急管理工作，并在监督管理、监测预警、决策支持、应急救援方面发挥了积极作用。

4.1 省级开发、三级部署、多层联动，形成"一中心、八板块"的业务应用布局，打造河北"智慧应急"

河北省是全国 10 个"智慧应急"建设试点之一，河北省应急管理综合应用平台构建起"智慧应急"的总体框架，并形成了"一中心、八板块"的智慧应急业务版图。一中心即依托河北省政务云，建成全省应急管理大数据中心，八板块即建设了资源共享、视频汇聚、融合通信、大数据应用四大能力支撑板块和安全生产、防灾减灾、应急救援、政务管理四大业务应用板块，实现数据与通信的互联互通，形成大数据的分析挖掘能力。

4.2 数据融合、通信融合、功能融合，该平台提供服务于实战的应急管理一张图，实现"情指行"一体化

为实现"平时知家底，战时有支撑"的业务目标，满足智慧救援、智慧辅助决策的支撑需求，该平台提供了应急管理一张图的应用。

4.2.1 资源动静结合，提高防范能力

应急管理一张图基于太极 GIS 云平台建设，资源空间化，对接雨水情综合信息系统、地震速报系统、地质灾害监测系统等专业功能及视频、物联网、遥感等前端感知动态监测数据，实现一图观全局、预警观一图，支撑提前风险感知，提前预警，提高风险防范能力。

4.2.2 图上指挥调度，提升数字化救援能力

应急管理一张图汇集各级指挥部、应急管理机构等人员信息，集成应急指挥车、无人机、4G 单兵等应急通信设备信息上图，通过 GIS 地图与融合通信技术的结合，实现电话、音视频、短信、位置信息的一键多媒体融合调度功能，可与各级指挥中心、救援队伍和救援现场进行双向语音通信，实现"一图知位置、一键调全局，现场处处有单兵"，提升应急救援水平。

4.2.3　专题数据穿透，提供图上辅助决策

以突发事件为中心，聚焦重点区域孕灾环境、孕灾因子、防护目标和应急资源，实现各类专业系统、各板块专题图、应急知识与案例等的数据穿透与综合分析，提供围绕事件的图上检索、图上定位、周边分析、路径规划、三维展示、资源需求分析、救援力量分析等工具；依托数字化预案实现应急要素的信息关联，辅助生成方案，为应急救援实战提供全过程辅助决策支撑。

案例 15　江岸区 VR 红色场馆项目

1　公司简介

武汉市江岸区大数据中心多年深耕数据治理与应用、系统集成与开发、数字创意与传播三大领域，持续推进数字政府、数字企业（工业互联网）、智慧社区、数字乡村等核心业务，先后开发了众寻 DATA、众观 VR、新媒网、众信云、众造云、众源云、乡振云等重点产品，坚持运用数字技术辅助政府决策、赋能实体经济、参与社会治理、服务百姓民生。该公司具有技术研发优势；为高新技术企业，具有市场优势；具备专业优秀的服务团队，有人力资源优势；建立了专门的企业人力资源管理系统，有管理优势。

2　核心解决问题

红色文化是我国的特色文化，也是党建文化的重要组成部分。武汉市江岸区拥有众多知名的红色场馆，如八七会议会址、武汉中央机关旧址、八路军武汉办事处旧址、汉口新四军军部旧址、武汉二七纪念馆等。目前，区内红色场馆网络宣传力度较大，但宣传方式较为单一，资源整合和深度开发力度不够，限制了红色文化内涵的个性化挖掘和多元化传播。

3　收益和成效

3.1　经济效益

近年来，各类全新红色旅游产品不断涌现。随着江岸区红色场馆的 AR、

VR 和 5G 等新技术的运用，红色场馆的展陈模式从静态、单一转变为动态、沉浸式，让红色旅游有了新的"打开方式"。

VR 红色场馆的建设，突破了实体场馆人数上限，网民轻动手指就能实现分享传播，极大降低了红色文化的宣传和推广成本。红色周边文创产品也可通过 VR 平台进行展示销售，可带来一定的经营收入以补贴红色场馆日常运营成本。

江岸区红色场馆免费向游客开放，游客通过参观红色场馆可以在旅游中接受革命传统教育，寓教于乐，寓教于游。同时，其直接带动了江岸区交通、餐饮、商贸等相关产业的发展，不仅满足旅游者的精神需求，还促进了周边产业经济效益的提升，带来更多的就业机会和更好的周边宣传。

3.2　社会效益

江岸区红色场馆已有数百万党员群众通过游览 VR 红色场馆接受了红色文化教育。通过展现我们革命先辈热血奋斗的历史，教育当代人幸福生活来之不易，启迪我们要珍惜现在美好的生活，并为了实现我们民族伟大的复兴梦而热血奋斗。全区红色场馆资源的整合，将党建内容扩及普通人民群众，丰富了党建形式和内容，培育了江岸区特色党建文旅品牌。利用 VR 虚拟场景还原历史故事，让体验者在虚拟三维场景中切身感受革命先烈英勇拼搏、不畏艰险的红色精神。提高了接待能力，线上参观分摊线下客流，降低了防疫压力。

4　案例应用情况

在八七会议会址、八路军武汉办事处旧址和江岸二七纪念馆等红色场馆，已经建立了在线 VR 平台。在部分实体场馆中，智能定位、地图导航、AR 实时 3D 渲染等数字化技术也被应用到线下导览服务中。游客们可通过江岸区政府门户网站、红色场馆官方网站、官方抖音和微信公众号等线上渠道，获取人工智能语音服务、3D 影像、虚拟现实等动态交互体验，沉浸式游览红色场馆，足不出户接受红色文化教育。

江岸区人民政府精心设计了《江岸红色地图》，这张地图经实地走访、查阅史料、专家论证梳理出江岸辖区内数十处红色场馆，主要包括革命遗址遗迹、旧址及纪念设施，可以给参观江岸区的各红色场馆的党员、群众提供帮助。

同时，江岸区 VR 红色场馆项目还取得了一些成就。首先，整合了红色文化资源。党建文化向更广大的群众扩散，党建形式和内容更加丰富，培育了江岸区特色党建文旅品牌。其次，拓展了红色场馆的多样性。通过虚拟现实技术重现历史，让群众切身感受红色精神。最后，提高了红色场馆接待能力。游客足不出户，在网上就能进行 VR 红色旅游，上万人可同时自主浏览体验。

案例 16　山西广电 5G 智慧数字助力乡村平台建设

1　公司简介

中国广电山西网络有限公司原为山西广电信息网络（集团）有限责任公司（简称"山西广电"），成立于 2011 年 4 月，是经山西省委、省政府批准组建的国有骨干文化企业，是全省广播电视网络整合和统一规划、建设、运营、管理的唯一主体。该公司积极从事有线、无线、卫星的广播、电视和信息传播，开展的业务有视频点播、时移电视、电视 IP 化等广播电视新业务，以及互联网接入、数据专网、公共信息服务、物联网等 700 M 无线双向网新业务，拥有 5G 牌照和 700 M 优质频段资源，该公司全力推进有线、无线、卫星融合发展。

2　核心解决问题

"山西广电 5G 智慧数字乡村平台"立足于山西广电 5G 智慧云平台的优势，根据国家关于乡村振兴、乡村数字化建设的总体部署，开发完成了"山西广电 5G 美丽乡村智慧大屏应用系统 1.0"和"山西广电 5G 智慧数字乡村系统 1.0"，并申请获得了国家版权局的计算机软件著作权登记（图 8），三方业态分工循环如图 9 所示。

图 8 "山西广电 5G 美丽乡村智慧大屏应用系统 1.0"和
"山西广电 5G 智慧数字乡村系统 1.0"软著登记证书

图 9 三方业态分工循环

山西广电 5G 智慧数字乡村平台项目建设涉及信息整合较为复杂、法规政策性强等实际问题，根据实际调研情况，结合乡村的特色化、个性化、多样化的需求，确定了"山西广电 5G 智慧数字乡村平台"围绕"两"条技术路线，以村、镇为单位设置信息服务节点，依据村、镇覆盖的家庭数量及地域范围部署相应的功能应用服务（图 10）。项目的实施推进了乡村数字基础设施建设，提升了乡村治理数字化水平，满足了乡村产业数字化建设需求。

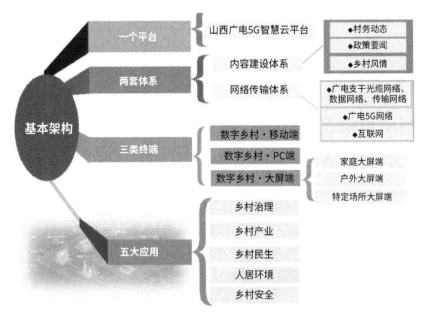

图 10　"山西广电 5G 智慧数字乡村平台"基本架构

3　收益和成效

3.1　社会效益

2020 年，获得"全国 2020 年智慧广电案例"荣誉称号。先后打造了数字乡村——多彩石坡智慧电视平台、平顺县张井村数字乡村、美丽西沟村数字乡村及数字社区——美丽同兴苑智慧电视平台等多个广电 5G 应用场景，相继开发了广电 5G 智慧校园应用系统、山西省普通国省干线公路 5G 智慧运营平台等系统，并获得了国家版权局计算机软件著作权登记，目前正在全力推进面向智慧校园、智慧县域、美丽乡村、智慧交通、智慧公路等垂直领域、行业场景的应用创新及解决方案。

3.2 经济效益

建设初期，依据相关政策要求经招投标流程搭建系统平台，总投资额 107.8 万元，年新增销售额约 60 万元，新增利润约 18 万元、税收 1.26 万元。2020 年新增销售额 90 万元，新增利润 27 万元，新增税收 1.89 万元。2021 年新增销售额 180 万元，新增利润 54 万元，新增税收 3.78 万元。目前正在向更大区域推广。

4 案例应用情况

针对乡村规模大、信息化基础薄弱等实际痛点，为"智慧数字乡村"的智能化建设探索出一条可复制、可持续、可发展的路径，进一步提升社会立体化治安防控体系实战效能，助力农村发展道路越走越宽，经济业态百花齐放。

4.1 "高公、中阳"试点先行

山西广电以山西省级乡村治理服务示范村临汾洪洞高公村为试点，经过与洪洞广电网络、当地村委会多次交流之后，落地了"美丽乡村·大屏版"智慧电视平台，开发完成了"美丽高公"机顶盒终端，实现了包括"阳光村务""村务直播间""高公影集"等本地特色功能，并于 2021 年 3 月上旬正式上线运行。同时，在同吕梁市中阳县委、县政府充分交流之后，响应中阳县委提出的"锚定四县目标，打造五彩中阳"口号，专为中阳量身打造了含有直播电视的"五彩中阳·智慧电视平台"新业务应用场景专属产品，获得了中阳县政府采购公共服务每年 300 万元的资金扶持。国家广播电视总局广播电视科学研究院相关领导调研交流后对此项工作表示了高度肯定，同时也取得了县委、村委及百姓的一致好评。

4.2 定点帮扶，稳步推进

山西广电积极为平顺县同兴苑小区、西沟村和壶关县石坡乡进行定点帮扶工作。充分发挥县级融媒的内容制作优势和广电网络的分发技术优势，打造广电新业态，服务乡村振兴大战略。

4.3　数字沁水，示范带动

　　沁水广电网络公司充分发挥"智慧广电 + 媒体融合"双重优势，依托自主开发的"树理云"融合终端，创新打造本地化信息平台和数字乡村一体化云平台，目前已完成小岭社区光纤到户全覆盖，上线的"龙港驿站　新韵小岭"机顶盒，共计发放 1050 台，共新建栏目 25 个，上传图文视频共计 994 条，目前仍在更新中；《雪亮工程》栏目共接入视频监控 11 路，充分利用网络信息平台将社区的发展情况、工作动态等及时准确发布，为数字乡村发展筑牢坚实底盘。

案例 17 咪咕新空文化科技（厦门）有限公司打造 5G+AR 厦门市集美区数字化党史馆，助力经济社会数字化转型

1 公司简介

咪咕公司是中国移动面向移动互联网领域设立、负责数字内容运营的专业公司，肩负科技创新国家队、数字经济主力军、新媒体国家队主力军、沉浸式媒体先锋队使命担当，致力于通过文化+科技+融合创新，满足人民群众的美好生活需要。

2 核心解决问题

咪咕新空文化科技（厦门）有限公司作为咪咕全资子公司，立足于 5G+T.621+XR 领先技术优势，以"元宇宙的 MIGU 演进路线图"为指引，主要负责落地中国移动云 XR 战略产品、咪咕元宇宙总部建设等领域工作，曾主导制定 ITU-T T.621（我国文化领域首个国际标准）和 ITU-T F.740.2 等国际标准并推进其成果应用落地；先后打造了厦门经济特区纪念馆、5G+AR 党史馆、世界文化遗产鼓浪屿的首个元宇宙 AR 夜景秀等沉浸式场景标杆。作为 ITU-T T.621 手机动漫国际标准产业联盟主席单位、福建省数字经济促进会理事单位、厦门市元宇宙产业联盟理事长单位，咪咕元宇宙总部将持续聚拢生态，引领产业高质量发展，助力推动数字产业化及产业数字化升级。

3　收益和成效

在中国共产党建党 100 周年之际,为从党的百年伟大奋斗历程中汲取继续前进的智慧和力量,深入学习贯彻习近平新时代中国特色社会主义思想,巩固深化"不忘初心、牢记使命"主题教育成果,激励全党全国各族人民满怀信心迈进全面建设社会主义现代化国家新征程,党中央决定,在全党开展党史学习教育。集美区委党史学习教育办发文,在全区范围内打造 10 个党史学习教育示范点。集美区宣传部与文旅局发布了红色旅游地图,将 5G+AR 党史馆列为核心景点。展馆以 5G+XR 等数字技术 + 地方特色 IP 智慧展馆打造,用科技赋能党史学习教育,包含"红色记忆—学史崇德、入党宣誓—不忘初心、特色互动—红心向党、超高清党员直播间、集美区党史学习教育定制机顶盒"五大模块,融合应用了 T.621+AR/VR、人工智能、裸眼 3D、超高清实时直播等先进技术,作为市区两级党史学习教育的重要参观学习点,集中展现中国共产党建党百年来在集美这片土地上所发生的重要史实、红色故事,全方位、多角度地传承"集美红色记忆",献礼建党百年。

4　案例应用情况

作为福建省首个全数字化党史馆,5G + AR 党史馆使用首个官方定制的千兆网融媒体党建盒子平台,并获得多项专利。2021 年 6 月正式开馆,目前已接待来自政府机关、企事业单位、学校、街道办事处和社区的团体 1519 批次,吸引基层党员干部近 14 万人次,得到政府与学员的一致好评,并获评福建移动十大红色文化教育基地,为后续红色教育基地的建设提供了模本,构建了全新的发展平台。结合 5G + AR 党史馆开馆,集美区宣传部与轨道集团联合发行"党史学习教育定制地铁卡",制定 5 条红色文化旅游线路,并将 5G + AR 党史馆作为学习打卡点的第一站,创造区域旅游业经济效益超 500 万元。

依托 T.621 + 5G + XR 技术优势,深耕文博元宇宙、文旅元宇宙、互动展陈等垂直领域,形成一条集商机发掘、技术研发、生产制作、信息管理、云端存储、宣传推广于一体的完整的产业链条。5G+AR 党史馆的成功实践形成了可复制、可推广的样板，在项目成功落地后，福建省交通厅、泉州市政府、厦门国资委、厦门市其他各区政府陆续发出展馆数字化建设需求，预计在未来 2 年内可以复制 100 个项目，将带来 3 亿~5 亿元项目营收。持续立足本土，与厦门市政府就元宇宙创新发展达成全面战略合作，2022 年主导建设"鼓浪屿元宇宙"，打造世界文化遗产"元宇宙第一岛"，打造国内首个世界文化遗产元宇宙 AR 夜景秀，首创山、海、岛、城多维空间场景，实现了覆盖海陆空面积超百万平方米的交互体验，全网总曝光量达 1.5 亿次；辐射全国，推进雪窦山元宇宙项目、洛阳博物馆、八路军驻洛办事处纪念馆、敦煌 AR 导览、嘉兴红船、张家界武陵源景区等多个项目的数字化建设，以数字科技赋予中华优秀文化新的时代表达。